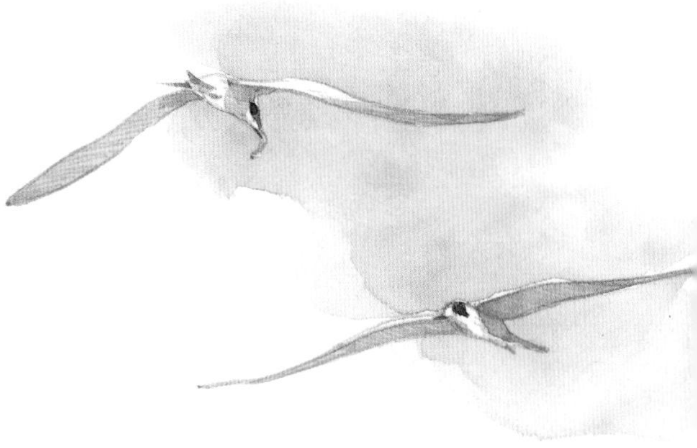

BIRDWATCHER

화가의
탐조 일기

새를 기다리는 사람

BIRDWATCHER

글·그림
김재환

문학동네

서문

휘이- 휘잇, 휘이- 휘잇.

지난봄 서해안의 작은 섬에 들어갔을 때의 일이다. 이른 아침부터 섬을 가득 메운 새소리 사이로 익숙하지 않은 소리가 들려왔다. 숲속에서부터 희미하게 울려퍼지던 그 소리는 팔색조의 울음소리인 것 같았다. 팔색조를 직접 본 적은 없었지만, 언젠가 소리를 들어본 적은 있었다. 흔하게 만나볼 수 있는 새가 아니기에 소리만 듣고도 가슴이 두근거렸다. 혹시 울음을 멈추고 멀리 날아가버릴까 싶어 가파른 산길을 한달음에 뛰어올라갔다. 다가갈수록 그 소리는 숲을 쩌렁쩌렁하게 울릴 정도로 커졌다. 녹음 파일로 들었을 때는 몰랐던 힘찬 생명의 기운이 느껴졌다. 이윽고 나무 잎사귀들 사이로 팔색조의 모습이 드러났을 때, 하마터면 탄성을 지를 뻔했다. 숲 사이로 스며드는 햇빛에 반짝이는 화려한 깃털은 환상적인 아름다움 그 자체였다. 팔색조는 내 존재를 의식하지 않는 듯 심상하게 계속 울어댔고, 나는 한동안 넋을 놓은 채 그 모습을 바라보고만 있었다. 몇 달이 지난 지금도 그때의 기억이 생생하다. 처음 만난 아름다운 새에 대한 감동도 컸지만, 아무도 없는 숲속에서 오롯이 둘이서만 함께했던 시간이기에 더욱 잊을 수가 없다.

그림의 대상으로서 '새'는 아름답다. 가까운 개천에 겨울마다 찾아오는 흔한 청둥오리도 필드스코프로 보고 나면 누구라도 참 예쁘다고 말한다. 대부분의 사람들은 관심을 갖고 자세히 들여다볼 기회가 없을 뿐이다. 깃털마다 빼곡한 기하학적 무늬와 푸른 듯 붉고, 검은가 하면 금색으로 빛나는 오묘한 색채를 보고 나면 감탄하지 않을 수 없다. 게다가 날갯짓 몇 번으로 제 몸을 사뿐히 띄워 공중으로 비상하는 멋진 모습은 오래도록 인간이 동경해오던 것이기도 하다.

내가 새를 보러 다니게 된 계기는 아주 우연히 찾아왔다. 새를 소재로 한 그림책 작업을 제안받으면서 취재를 다니게 되었다. 〈우리 숲의 딱따구리〉와 〈여름이의 개울 관찰 일기〉의 그림 작업을 하는 동안 새를 만나는 재미를 알게 되면서 혼자 탐조하는 날이 점점 늘어났다. 진지하게 '새'를 그리고 싶다는 마음이 생긴 것은 그로부터도 몇 년이 더 지난 뒤였다. 여러 종류의 새를 만나면서 이전에는 몰랐던 것을 조금씩 깨닫게 되었다.

새의 아름다움은 겉모습에만 있는 것이 아니었다. 초겨울 동해 바다를 찾아온 재갈매기의 깃털 사이에는 북극해의 시린 공기가 스며 있었고, 봄날 매향리를 찾아온 큰뒷부리도요 무리에게는 호주 동부의 온화함이 배어 있는 것 같았다. 새들은 용케도 먼 길을 날아와 저마다 자신들이 좋아하는 습지로, 풀밭으로 내려앉았다. 새의 아름다움은 유려한 선과 화려한 색채에만 있는 것이 아니라 그들이 겪어내는 삶 전체에 온전히 담겨 있는 것이다.

미술 대학을 졸업한 직후 야생화 포스터를 그린 일이 있다. 대부분 본 적이 없는 꽃들이었지만 사진도감 여러 권을 참고하여 그럭저럭 마무리했고 스스로도 만족했었다. 그러나 얼마 뒤 설악산에서 그때 그렸던 야생화들을 실제로 보고 나서는 알 수 없는 기분에 휩싸였다. 분명 색깔과 모양을 본 대로 따라 그렸건만 살아 있는 그 꽃이 품고 있는 분위기는 담아내지 못했다는 생각이 들어서 부끄러워졌다.

대상의 참모습을 그려내는 것은 나뿐만이 아니라 모든 화가들의 바람이자 과제일 것이다. 나는 '새'를 그린다. 그래서 새를 만나러 간다. 보는 만큼, 아는 만큼, 사랑하는 만큼 제대로 그릴 수 있음을 알기 때문이다.

이 책에는 월간 〈자연과생태〉에 연재했던 내용을 포함하여 가장 열심히 새를 보러 다녔던 2년간의 탐조 기록이 담겨 있다. 새를 만나기 위해서 참 많은 곳을 돌아다녔고 야생과 맞닥뜨린 매 순간마다 긴장했으며 때로는 고생도 했다. 그렇지만 그 시간들이 고통스럽게 기억되지는 않는다. 비바람이 몰아치는 갯벌에서, 꽁꽁 얼어붙은 강가의 위장 텐트 안에서, 혹은 무더운 숲속에서 모기에 뜯기면서도 즐겁고 기꺼운 마음이었다. 단지 관찰자로서 자연을 엿보는 것만이 아니라 자연의 일부가 되어 함께 스며들 수 있기를 진심으로 바랐다. 내가 느꼈던 기쁨과 충만함이 독자 여러분께도 전해졌으면 한다. 아울러 평범한 일상에서도 주변에 관심을 기울여 가까운 자연과 만나보라고 권하고 싶다.

연재할 당시 즐겁게 읽어주셨던 독자께 감사드리고, 이 기록들을 한 권의 책으로 만들어주신 심조원 편집자에게 감사드린다. 무엇보다도 내 그림을 좋아해주고 언제나 아낌없는 응원을 보내주는 아내 주영에게 무한한 사랑과 고마움을 전한다.

2017년 장마 끝 무렵,

우이동 작업실에서

차례

2장

아침 강가

2011년
6월 ~ 12월

3장
나만의 세상

2012년
1월 ~ 5월

4장
붉은 들판

2012년
6월 ~ 12월

기획자 후기

1장

겨울 바다

2011년
1월 ~ 5월

해 뜨는 풍경을 보기 위해 일찍 나섰다.
새벽부터 부지런한 어선들이 물거품을 일으키며 바다로 나서고 있다.
해안 도로 철조망 너머로 검둥오리사촌 일고여덟 마리가 보인다.
높은 파도를 따라 일렁이며 몇 마리씩 사라졌다 나타나곤 한다.
쌍안경으로 보기만 해도 어질어질한데 정작 검둥오리사촌은
편안해 보인다. 항구 안으로 들어온 검은목논병아리의 빨간색 눈은
햇빛을 받아 빛을 뿜어내는 듯하다.

얼어붙은 한강

1월 6일

경기도 팔당. 맑음

며칠째 영하의 추위가 이어지고 있다. 아마 한강이 얼고 있을 것이다. 작년 이맘때 보았던 얼음판 위의 참수리가 생각나서 몸이 달싹거렸다. 겨울의 강가에는 바람을 막아줄 것이 없어 혹독한 추위를 맛볼 수 있다. 새를 보려면 감수해야 할 일이다. 그런데 막상 나와보니 다행히도 바람이 불지 않고 해가 비추어 걱정한 것보다는 견딜 만했다. 오랜만의 추위에 괜히 겁부터 먹었나보다.

팔당대교 아래에는 물이 반쯤 얼어 있다. 500미터쯤 떨어진 바위 위에 참수리가 앉아 있다. 얼지 않은 물 위에는 흰뺨오리와 흰죽지들도 보인다. 상류 방향으로 올라가다가 돌아보니 강 건너 하류 쪽으로 참수리 한 마리가 내려앉고 있었다. 조심스레 강가로 내려갔지만 내가 움직이는 것을 보고 경계를 하는 듯하다. 10분 남짓 가만히 바라보았다. 강폭이 좁고 거리가 멀지 않다보니 오래지 않아 다시 상류 방향으로 날아갔다. 이런 식으로 수리에게 접근하는 것은 좋지 않은 것 같다. 수리의 휴식을 방해한 것도 미안한 일이다.

팔당댐 전망대에서 몇 사람이 큰고니를 촬영하고 있다. 참수리가 날아오는 것을 보았는지 물으니 잘 모르겠다고 한다. 수리의 존재를 잘 모르는 눈치다. 양수교를 막 건너려는데 눈밭 위에 송아지만한 짐승들이 눈에 들어왔다. 얼른 차를 세우고 건물 뒤에 숨어 지켜보니 고라니들이다. 눈 속을 파헤쳐 먹이를 찾고 있다. 여름철에 돌미나리를 키우던 밭이었으니, 남아 있는 미나리 뿌리를 먹고 있는 모양이다. 송곳니를 보니 둘 중 한 마리는 수컷이다. 수컷이 먼저 인기척을 느꼈는지 슬슬 멀어지며 일행을 부르는 듯 끙끙 소리를 냈지만, 암컷은 먹느라고 자리를 뜰 줄 모른다. 밭 주인에게 마음이 쓰였지만 고라니들의 식사를 방해하고 싶지 않아 자리를 떴다.

양수리 산책로 옆으로는 물이 꽁꽁 얼어 있다. 얼음 위 눈밭에는 고라니와 오리들의 발자국이 어지럽게 남아 있다. 수로 아래의 아직 얼지 않은 물가에서 슬금슬금 걸어가는 쇠물닭을 발견했다. 겨울에도 볼 수 있을 줄은 몰랐다. 팔당댐 아래를 지나는데 흰꼬리수리 한 마리가 강물 위에서 빙빙 돌다가 멀어졌다. 혹 사냥을 하는가 싶어 지켜보았지만 야속하게도 멀리 날아가버렸다. 이런 방식으로는 지나가는 수리들 꽁무니만 쫓게 될 것 같다. 위장 텐트를 준비해서 잠복을 해봐야겠다. 추운 줄도 모르고 다녔는데 집에 들어오니 손과 얼굴이 벌겋게 달아오른다.

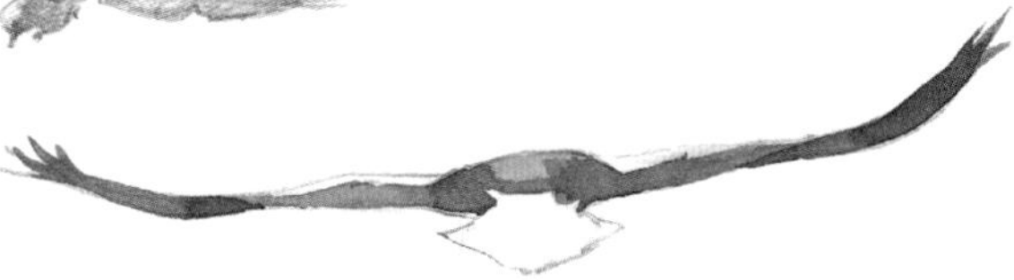

글라이더처럼
길고 넓은 날개깃과
마름모꼴 꽁지깃.

참수리.
커다란 몸이 바람을
타고 사뿐히 날아간다.

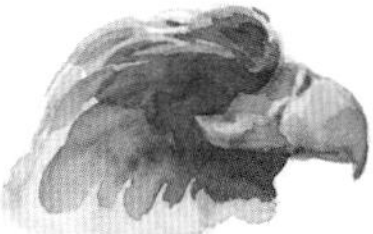

큰고니의
긴 목과 주둥이를 보면
덩치 큰 초식 공룡이 생각난다.

강 건너편의 어두운 돌 그림자와
흰색 눈이 진하게 대비되어
참수리가 앉아 있을 것같이 보였다.

고라니.
귀가 매우 넓고 크다.
어금니가 긴 것이 수컷이다.

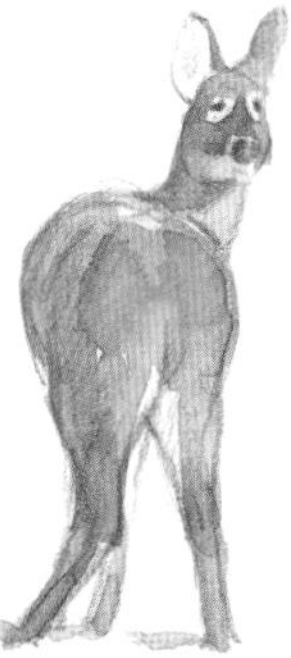

쇠물닭

물억새밭 사이에서
왜가리가 날아올랐다.
얼음판에 내려서다가 미끄러졌지만
날개를 펄럭이며 곧 중심을 잡았다.

분홍빛 멋쟁이

1월 7일

국립수목원. 맑음

며칠 전 눈이 꽤 내렸고 추운 날씨가 이어지다보니, 개울가에는 아무도 밟지 않은 눈이 그대로 쌓여 있고 드문드문 얼음도 얼어 있다. 이곳에서 겨울을 나는 청도요는 오늘도 보이지 않는다. 멀찌감치 물까마귀 한 마리가 나를 의식했는지 더 멀리 날아가버린다.

화목원과 그 주변은 나무 종류가 많고 볕이 잘 드는 곳이다. 새들이 먹이를 찾기 좋은 장소로 여겨진다. 노랑지빠귀, 곤줄박이, 박새들이 보이고 눈밭 사이 낙엽을 뒤져가며 되새 몇 마리가 먹이를 찾고 있다. 말발도리 덤불에는 통통한 녀석들이 열 마리쯤 모여 있다. 멋쟁이들이다. 머리 위의 검은 깃털이 쇠박새와 비슷하지만 몸집이 더 크다. 게다가 수컷은 또렷한 분홍빛 깃털이 참 곱다. 흰 눈과 무채색 나뭇가지 사이에서 화려한 자태를 뽐내고 있다.

멋쟁이들은 바스락거리며 말발도리 열매를 먹고 있었다. 열매를 물고 두툼한 부리를 굴리자, 껍질이 부스러져 떨어진다. 살짝 고개를 쳐들고 부리를 굴리는 게 보통 기술이 아닌 듯하다. 가끔 바닥에 내려앉아 눈을 먹거나 떨어진 열매를 주워 먹기도 하는 것 같다. 자잘한 열매가 나무 가득 빽빽이 달려 있으니 당분간 먹을거리 걱정은 없을 것 같다.

멋쟁이들의 식사 시간은 그리 길지 않았다. 10분 남짓 동안 지켜보는 나를 전혀 의식하지 않고 열심히 먹더니 한순간에 날아올라 언덕 아래로 떼 지어 날아갔다. 갑자기 찾아온 정적. 그러나 허전할 새도 없이 금세 새로운 새들이 나타났다. 양진이 암컷 두 마리가 좀작살나무 근처를 두리번거리며 먹이를 찾는다. 진홍색의 수컷은 보이지 않는다. 가까이 있다면 금방 눈에 띄었을 텐데 아쉽다.

언덕을 내려오는 길에 '톡톡톡' 나무 두드리는 소리가 들린다. 큰오색딱따구리가 굵은 참나무 가지 속을 반 가까이 파내고 있다. 얼마 못 가 나무가 부러질 것만 같다. 수목원 산책로는 적막하기 그지없다. 여전히 햇볕은 따뜻하지만 바람이 불기 시작하니 얼굴과 손발이 시리고 허기가 몰려온다. 눈 위에 남은 무언가의 발자국들을 발견했지만 추위 때문에 그냥 지나치고 말았다. 나가는 길에 미련이 남아 개울가를 다시 살펴보았지만 청도요는 보이지 않는다. 언제쯤 만나볼 수 있을까?

되새.
수컷은 검은 두건을
쓴 것 같다.

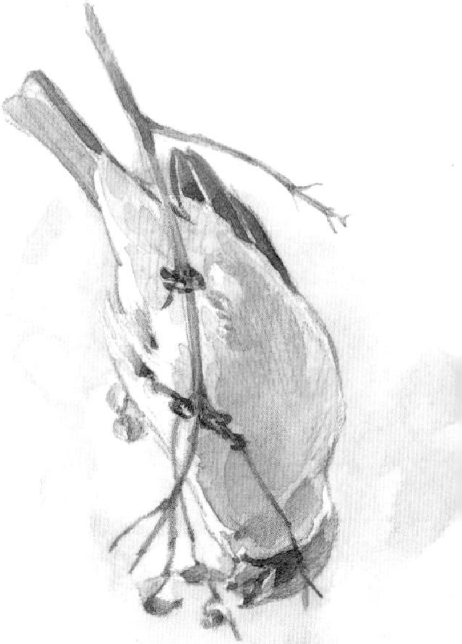

먹쟁이.
부리가 짧고 넓고 두툼하다.
말발도리 열매를 물고 부리를 굴려서
씨앗을 빼 먹고 껍데기는 버린다.

아야진항의 새벽

1월 11일

강원도 고성과 속초. 맑음

해 뜨는 풍경을 보기 위해 일찍 나섰다. 새벽부터 부지런한 어선들이 물거품을 일으키며 바다로 나서고 있다. 해안 도로 철조망 너머로 검둥오리사촌 일고여덟 마리가 보인다. 높은 파도를 따라 일렁이며 몇 마리씩 사라졌다 나타나곤 한다. 쌍안경으로 보기만 해도 어질어질한데 정작 검둥오리사촌은 편안해 보인다. 쇠가마우지 단골 쉼터인 바위에는 가마우지 두 마리만 쉬고 있다. 댕기흰죽지, 흰뺨오리, 바다비오리, 뿔논병아리 등등 친근한 녀석들도 보인다. 항구 안으로 들어온 검은목논병아리의 빨간색 눈은 햇빛을 받아 빛을 뿜어내는 듯하다.

아야진항의 공원은 지난해에 바위 지대였던 곳을 밀어내고 조성한 곳이다. 공원 가장자리의 난간 밑에 세가락갈매기들이 있다. 하품까지 하며 경계심 없이 편히 쉬고 있다. 물에 떠 있는 녀석들까지 다 세어보니 스물여섯 마리다. 환경은 바뀌었지만 여전히 그 자리를 채워주고 있으니 다행인 셈인가. 갈매기의 바위를 허락 없이 차지한 것 같아서 미안한 마음이 든다. 바위 해변 너머로 멀리 흰줄박이오리 두 마리가 떠 있다. 한 녀석은 불가사리를 물고 있는데 몇 번을 물 위에 내려놓는 듯하다가 다시 물더니 불가사리의 별 모양이 망가져 둥그스름해지자 삼켜버린다. 불가사리도 먹을 수 있는 것인가? 열 마리 남짓한 세가락도요들이 해안 가장자리를 바쁘게 몰려다니고 있다. 파도와 술래잡기를 하는 듯 경쾌한 모습이다.

한참 동안 세가락도요들의 움직임을 넋 놓고 바라보는데 왠지 섬뜩한 느낌이 들었다. 하늘을 보니 흰꼬리수리가 낮게 날고 있는 것이 아닌가. 사냥을 하려나 싶었는데 세가락도요와 홍머리오리들은 별로 긴장을 하는 것 같지 않다. 더구나 재갈매기 몇 마리는 흰꼬리수리를 쫓아내고 있었다. 흰꼬리수리는 내 머리 위를 크게 몇 번 돌더니 북쪽 해안으로 날아갔다.

청초호 안쪽 모래톱에는 상당히 많은 갈매기들과 오리들이 쉬고 있었다. 자세히 보니 괭이갈매기, 갈매기, 붉은부리갈매기, 재갈매기 등 다양하다. 갈매기과 새들은 거의 비슷하게 생겨서 아무리 도감을 들여다보고 직접 관찰해도 각각의 종을 정확하게 구분하기 쉽지 않다. 눈으로 보고도 못 알아본 채 지나쳐버린 귀한 갈매기들이 얼마나 있을지 모를 일이다.

검둥오리사촌.
넘실대는 파도 위에 부표처럼 떠 있다.

검은목논병아리. 항구 안에서 자주 보인다.
내가 가까워졌다 싶으면 물속으로 퐁당
들어갔다가 멀찌감치 떨어진 곳에서
물 위로 쏙 올라왔다.

머리깃을 잔뜩 세우고
젖은 깃털을 부풀리고 있으니
심술맞아 보이고 우스꽝스럽다.

세가락갈매기.
겨울이 되면 아야진
항구에서 볼 수 있다.

세가락도요.
아야진의 모래 해안이나 바위 주변에
떼 지어 몰려다닌다.

홍머리오리

재갈매기 몇 마리가
흰꼬리수리 주변을
에워싸듯이 다가가 몰아냈다.

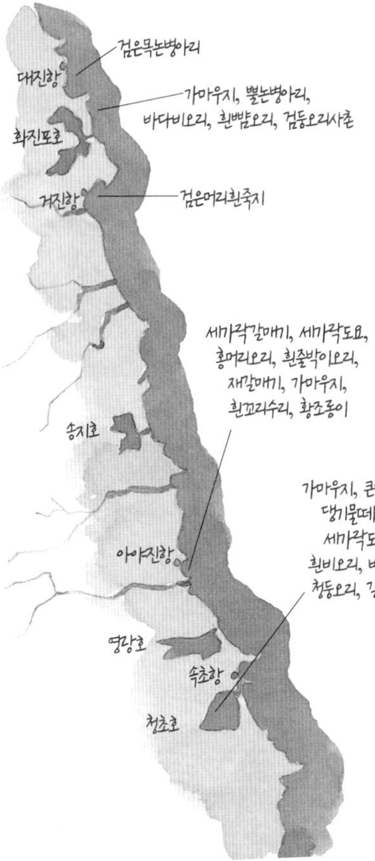

댕기물떼새.
10분 남짓 관찰하는 동안
갯지렁이 세 마리를 잡아먹었다.

흰꼬리수리의 사냥

1월 30일

팔당. 맑음

올겨울은 그야말로 '제대로' 춥다. 팔당대교 아래 한강은 여전히 흐르는 곳이 보이지만 얼어붙은 면적은 올 때마다 넓어지는 것 같다. 참수리 성조 두 마리는 보이지 않는다. 흰꼬리수리들이 멀리 얼음판 위 자갈밭에 한 마리씩 떨어져 앉아 있다. 다들 참 멀리 있다. 그중 한 마리가 날아올랐지만, 사냥을 하지는 않을 모양이다.

바위 근처의 얼지 않은 물에는 큰고니들과 흰뺨오리들이 많이 모여 있다. 전에 못 봤던 큰기러기 무리도 한군데 모여 쉬고 있다. 가까운 바위에서 어린 참수리가 날기 시작하자 놀란 큰기러기들이 도망치듯 날아오른다. 하지만 아무 일도 없었다. 어린 참수리는 별일 없다는 듯 하류 방향으로 날아갔고, 놀라서 날아올랐던 큰기러기들은 다시 원래의 자리에 내려앉았다. 평화로운 풍경이지만 보이지 않는 긴장감이 숨어 있는 것이다. 어쨌든 짧은 혼란이 지나가고 다시 평화가 찾아왔다.

흰뺨오리들의 행동이 재미있다. 서른 마리쯤 되는 작은 무리에 암컷은 몇 마리 없고 거의 수컷이다. 수컷들은 목을 쭉 빼고는 등에 닿도록 뒤로 젖히기를 되풀이한다. 무언가 머금었다가 삼키는 것일까, 아니면 짝짓기 행동일까. 알 수가 없다.

흰뺨오리들을 보느라 잠시 눈을 뗀 사이 흰꼬리수리들의

분위기가 심상치 않다. 한 마리가 사냥을 한 모양이다. 잡은 것이 작은 오리 같아 보이지만 거리가 멀어 확실하지는 않다. 다른 흰꼬리수리 두 마리는 사냥감을 뺏으러 달려든다. 먹이를 쥔 흰꼬리수리는 필사적으로 달아나더니 멀찌감치 얼음판에 내려앉아 뜯어 먹기 시작했다. 그사이에 먹이를 뺏으려던 다른 흰꼬리수리도 어느 틈에 사냥을 했는지 무언가를 뜯어 먹고 있다. 그런데 이번에는 처음에 사냥을 했던 흰꼬리수리가 나중에 사냥을 한 녀석에게 달려들어 먹이를 빼앗으려고 했다. 자기 먹이는 주변에서 기회를 엿보던 까마귀에게 빼앗긴 듯하다. 또 다시 흰꼬리수리들 사이에 먹이 쟁탈전이 벌어졌다. 이번에는 먹이가 두 조각으로 찢어졌다. 그 틈에 재빠른 까마귀 한 마리가 한 조각을 가로채버렸다. 까마귀는 내 앞에 있는 가로등으로 날아오더니 천연덕스럽게 먹이를 먹기 시작했다. 촬영한 사진의 시간을 확인하니 14분간 벌어진 일이다.

상류로 올라왔다. 차를 세우자마자 참수리 한 마리가 내 앞을 지나 검단산 방향으로 금세 사라졌다. 뒤이어 흰꼬리수리가 나타났다. 기류를 타고 오르는가 싶더니 몸을 틀어 아래로 급히 내리박는다. 아쉽게도 사냥할 생각은 없는지 얼음판 위에 잠시 내려앉았다가 검단산 방향으로 사라져버렸다. 자주 만나기는 해도 사냥 장면은 좀처럼 보여주지 않으니 아쉬울 따름이다.

흰뺨오리 수컷.
목을 길게 뺐다가 뒤로 젖히기를
경쟁하듯이 되풀이한다.

사나운 먹이 쟁탈전은
흰꼬리수리들이 벌였지만,
실속은 큰부리까마귀가 얻었다.

오랜만에 만난 여새들

2월 18일

경기도 하남 나무고아원. 맑음

하남 나무고아원에 황여새와 홍여새가 찾아왔다고 한다. 나무고아원이 어떤 곳인지 궁금하기도 하고, 오랜만에 여새들도 보고 싶어서 길을 나섰다. 예전에 살던 집의 베란다에서 황여새를 관찰한 적이 있다. 황여새 무리가 주택가의 TV 안테나에 앉아 쉬고 있는 풍경은 낯설고 신기했다. 그 뒤로도 3~4월이나 늦게는 5월에도 보이더니, 올해는 여새들의 이동이 좀 빠른 듯하다.

나무고아원은 개발 때문에 뽑힐 처지에 놓인 나무나 기증받은 나무를 심어두는 곳이라고 한다. 겨울이라 어떤 나무인지 가려보기 어렵다 치더라도 기대했던 것보다는 수종이 다양하지 않았다. 들어가는 길에 박새와 노랑지빠귀들이 보인다. 한참을 걸어들어가니 측백나무가 모여 있는 곳에 사진가들이 많이 있다. 측백나무 열매를 먹으러 오는 여새들을 찍으려고 자리를 잡고 기다리는 것이다. 그런데 내 눈에는 측백나무보다 주변의 벚나무 가지에 여새들이 많아 보였다.

북적이는 곳을 빠져나오는데 버려진 물탱크 위에 여새들이 보인다. 우그러진 물탱크 홈에 고인 물을 두고 직박구리들과 경쟁이 심하다. 여새를 볼 기회가 흔치 않다 싶어 사진을 몇 장 더 찍었지만, 사람들이 많아서 여새들이 편치 않아 보이기에 마음이 쓰여서 일찍 철수했다.

홍여새

황여새

잘 빗은 듯한 머리깃이 맵시 있다.
홍여새와 황여새는 얼핏 비슷해 보이지만
검은색 머리깃의 범위가 다르다.

강변으로 나가니 민물가마우지가
떼 지어서 하류 방향으로 날고 있었다.
흰색 번식깃이 멀리서도 잘 보인다.
벌써 봄이 온 것 같다.

기러기들이 날아간다

2월 21일

서울 용마산. 맑음

오전에 잠깐 용마산을 산책했다. 산길 초입에 개똥지빠귀와 노랑지빠귀들이 종종걸음을 치며 바쁘게 길을 건너고 있었다. 길섶의 가랑잎 사이로 부스럭거리는 소리가 나서 가만히 숨죽여 지켜보는데 굴뚝새 한 마리가 폴짝 튀어나온다. 바닥에 떨어진 풀씨를 찾는 건지 연신 폴짝대며 두리번거리다가 덤불 속으로 다시 사라졌다. 늙은 나무 가지에서는 쇠박새가 무엇인가를 움켜쥐고 부리로 쪼느라 내가 다가가도 아랑곳하지 않는다.

쇠딱따구리가 나무를 쪼아대는 소리도 이곳저곳에서 들린다. '찌르르 찌르르' 우는 소리와 나무 쪼는 소리가 같이 들리면 어디 있는지 찾기가 쉽다. 세 마리쯤 몰려다니며 먹이를 찾는 것 같다.

갑자기 나무 위에서 후두둑 하며 조심성 없이 지나가는 청설모 때문에 흠칫 놀라기도 했다. 까치는 벌써 둥지를 거의 다 지어가고 있다. 처음엔 한 마리인가 했더니 둥지 안에서 또 한 마리가 쑥 빠져나온다. 한 쌍이 둥지 안쪽을 손보고 있는 듯하다. 능선에 올라서자 북쪽으로 이동 중인 기러기 무리가 보인다. 예순 마리는 넘는 것 같다. 겨울이 지나가고 있다.

개똥지빠귀

노랑지빠귀

산길 초입부터
찍찍거리는 지빠귀들의
울음소리가 많이 들린다.

쇠딱따구리. 가까이 다가가도
잘 피하지 않고
언제나 곁을 주는 편이다.

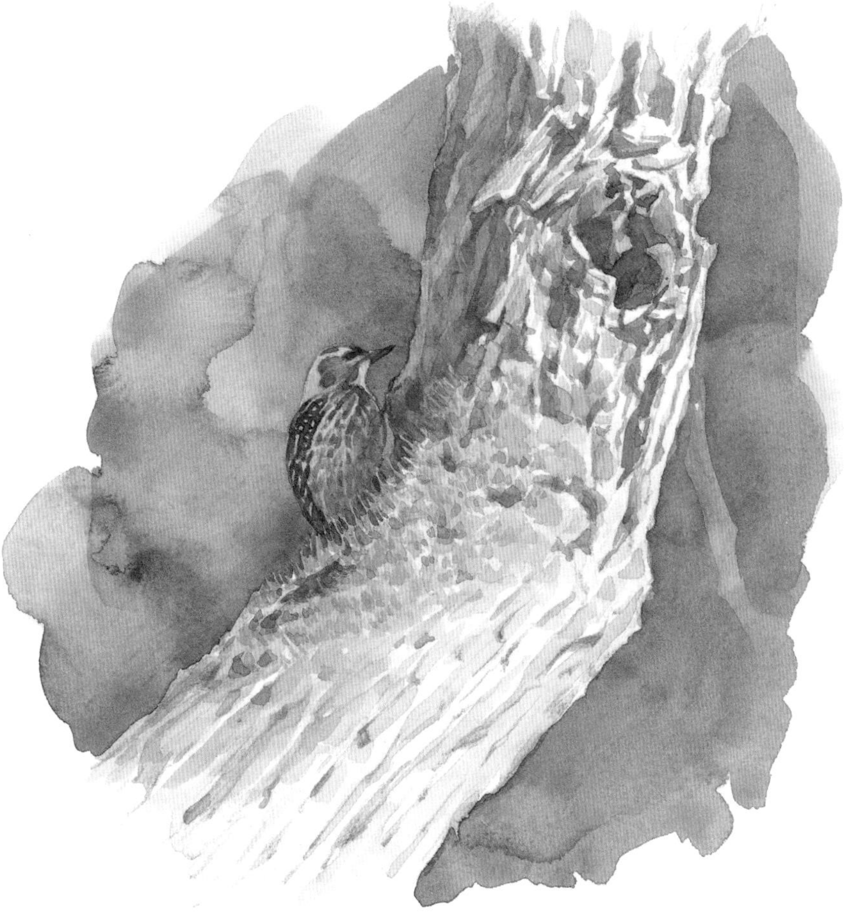

설레도록
멋진 순간

3월 4일

경기도 시화호. 맑음

탐조를 같이하는 친구들과 시화호를 찾았다. 갈대밭 사이에 큰기러기 무리가 쉬고 있다. 말똥가리 한 마리도 보인다. 시화호에 오면 말똥가리는 꼭 보게 된다. 깃털 색이 말똥가리보다 밝아 보여서 혹시 큰말똥가리가 아닐까 유심히 살펴보았다. 친구들도 저마다 자기 생각을 말했지만, 좀더 자세히 보면서 의견을 좁혀 보려고 해도 기회를 주지 않고 이내 멀어져버렸다.

논 위로 작은 새가 파드득 날아오르기에 어쩐지 심상치 않다 싶더니 황조롱이가 나타났다. 쳐다보는 우리를 개의치 않고 오랫동안 자리를 옮겨가며 정지비행을 했다. 혹시 새 사냥을 하려나 했지만 사냥 장면은 볼 수 없었다.

갈대밭 사이 도로를 천천히 달리는데, 오른쪽 풀섶에서 갑자기 잿빛개구리매 수컷이 나타났다. 녀석은 순식간에 차 바로 앞을 스쳐 지나갔는데, 그 짧은 순간에 나와 눈이 마주쳤다. 얼떨결에 카메라를 들어보지도 못하고 멍하니 서 있었지만 설레도록 멋진 순간이었다. 잿빛개구리매는 도로 왼쪽 갈대밭으로 천천히 사라졌다.

갈대밭에는 검은머리쑥새와 북방검은머리쑥새가 섞여서 여기저기 매달려 있다. 머리깃이 검은색으로 바뀌는 중인 개체가 여럿 보인다. 갈대의 씨앗을 먹는가 싶었는데 잘 보니 갈대 줄기

껍질을 벗겨내고 하얀 속을 뜯어 먹고 있었다.

도로 옆 갯벌에 여름깃이 노랗게 드러난 저어새 한 마리가 보였다. 숨을 죽이고 조심스레 관찰했는데, 빳빳하게 서서 꼼짝도 않고 있는 모습이 부자연스럽다. 가까이 다가가 보니 저어새 실제 크기 모형이라 다 같이 웃었다. 누가 무슨 이유로 세워놓았을까. 어쨌든 속았다. 형도 안쪽으로 들어가 시화호를 내려다보며 김밥으로 점심을 해결했다. 때까치와 멧새, 긴꼬리홍양진이가 잠깐 보였다. 멀리 물가에는 흰꼬리수리 두 마리가 보였다. 점심 먹는 중에도 눈이 쉴 틈이 없다.

평택 기준 만조 시간 16시 54분 (836)*

아직 때가 이르지만 일찍 도착한 도요새들이 있는지 궁금하여 매향리로 갔다. 한창 물이 밀려오는 중이다. 도요새들 대부분은 바닷물과 갯벌이 만나는 지점에서 쉬고 있고, 몇몇은 안쪽까지 들어와 먹이를 잡고 있다. 마도요가 가장 많았고 알락꼬리마도요도 드문드문 눈에 띈다. 또 어쩌다 민물도요 몇 마리가 섞여 있을 뿐 아직은 여러 종류의 도요새를 만나기는 이른 것 같다. 도요새들이 긴 부리를 갯벌 깊숙이 넣었다 빼면 어김없이 게 한 마리가 물려 있다. 정말 쉽게 잡는 것같이 보인다.

화옹호 안쪽에는 많은 오리들이 쉬고 있다. 색깔이 선명한 혹부리오리는 맨눈으로도 잘 보인다. 필드스코프로 다시 확인해 보니 고방오리가 가장 많고, 청둥오리, 가창오리들이 섞여 있다.

다시 시화호로 돌아왔다. 물이 고인 논에서 큰기러기 수십 마리가 무언가를 주워 먹고 있다. 먼 길을 떠나야 하니 배불리 잘 먹고 가면 좋을 텐데. 해가 기울어 갈대밭이 어두워지도록 쇠부엉이 같은 맹금류를 기다려보았지만 그런 행운은 따르지 않았다. 갈대밭을 물들이는 노을이 오늘따라 더 붉다.

---

* 괄호( ) 안의 숫자는 해수면의 최대 높이며, 단위는 센티미터다.

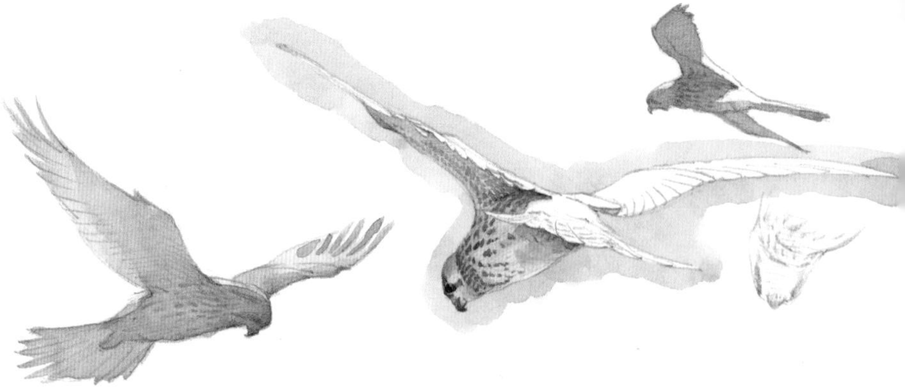

황조롱이.
가끔 날갯짓을 하고 꽁지깃을 움직이며
균형을 잡는 것 같다. 머리는 고정해놓은 듯
전혀 움직이지 않는다.

종다리로 여겨지는
작은 새들.

검은머리쑥새.
갈대 껍질을 벗겨내고
무언가를 꺼내 먹고 있었다.

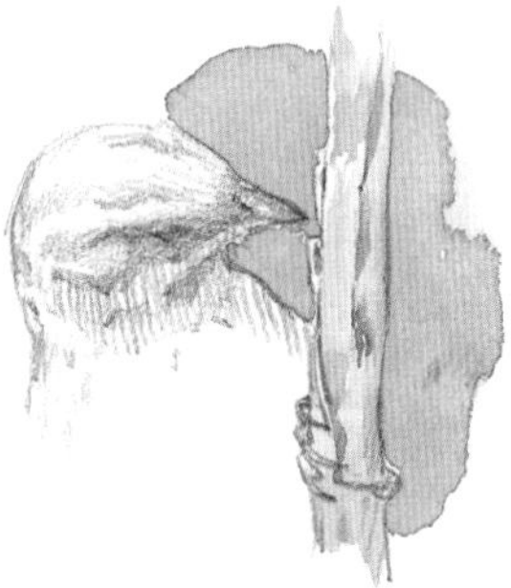

시화호에서는
새 사진을 찍으러 오는
사람들을 종종 만난다.

먹이 활동을 하는 마도요.
갯벌에 머리를
완전히 처박기도 한다.

삶의 터전을 공유하는 방법

3월 18일

경기도 화성 매향리. 약간 흐림

평택 기준 만조 시간 15시 55분 (880)

매향리 가는 길에 방조제 안쪽의 간척지 들판을 먼저 들렀다. 간척지 길은 복잡한 비포장 길이어서 혼자 차를 몰고 들어가기는 엄두가 안 나는 곳이지만, 오늘은 친구들이 동행을 했기에 용기를 내보았다. 들판에는 아직 쇠기러기들이 많이 남아 있었다. 혹 맹금류를 볼 수 있을까 기대를 했지만, 헬기가 근처에서 시끄럽게 오가며 저공비행을 하는 통에 만날 수가 없었다. 아니, 헬기 탓을 하고 싶었는지도 모르겠다. 예상했던 것보다 길의 상태가 더 나빠서 간척지 안쪽으로 깊숙이 들어가기가 망설여졌기 때문이다. 바퀴가 진흙 속에서 헛돌기만 하던 예전 기억이 떠올랐다. 다행히 친구들이 말리는 것을 핑계 삼아 못 이기는 척하고 나가기로 했다. 그랬는데도 기어이 들어올 때와 다른 길로 접어드는 바람에 한참을 헤매다가 겨우 빠져나왔다.

만조까지 30분 남짓 남겨두고 매향리에 도착했다. 이미 바닷물은 꽤 많이 들어와 있었고, 도요새들은 벌써 다른 곳으로 이동하려고 날아오르는 중이었다. 아직 남아 있는 도요새들을 보기 위해 갯벌 철조망에 차를 바싹 붙여 세웠다. 마도요, 알락꼬리마도요, 개꿩, 큰뒷부리도요, 민물도요, 검은머리물떼새 등 수는 많지 않았지만 다양한 도요새와 물떼새들이 남아 있다. 멀리 물 위에는 괭이갈매기와 검은머리갈매기가 보인다. 검은머리갈매기는 여름깃으로 갈아입어서 검은 머리가 또렷하다.

도요새 무리가 쉬는 모습은 언제나 평화롭게 느껴진다. 다양한 크기와 각각의 무늬, 독특한 부리 모양을 갖추었지만 서로 경계하는 일 없이 사이좋게 어울린다. 어쩌다 먹이를 두고 다투기는 해도 삶의 터전을 공유하는 방법을 알고 있는 것 같다.

방조제 안쪽 습지에는 학도요와 쇠오리가 같이 쉬고 있다. 화옹호 안쪽의 모래톱 주변에는 엄청난 수의 청둥오리들이 모여 있다. 매향리 갯벌에서 날아오른 도요새들이 방조제 안쪽에서 쉬고 있으리라 기대했는데, 민물도요만 조금 보일 뿐 다른 도요새들은 거의 보이지 않는다. 방조제 길을 지나다가 키 작은 가로수에서 쇠부엉이를 발견했다. 눈에 잘 띄는 가지에 오도카니 앉아 있었기에 누가 먼저랄 것도 없이 본 것이다. 혹시 가까이서 볼 수 있을까 싶어 비상등을 켜고 조심스레 후진을 했지만, 쇠부엉이는 금세 길 아래 풀섶으로 사라지고 말았다.

매화리 염전으로 향했다. 그사이 다시 물이 빠지고 촉촉한 갯벌이 드러나는 중이다. 도요새들은 어디에도 보이지 않는다. 염전의 잔잔한 물 위에 붉은 노을과 구름이 내려앉았다.

간척지에서
나오는 길에 만난
종다리.

새와 나 사이의 거리

3월 24일

강원도 속초와 거진. 약간 흐림

청초호 모래톱에는 이미 여름깃으로 갈아입은 민물가마우지와 많은 수의 괭이갈매기들이 쉬고 있다. 청둥오리와 홍머리오리, 호수 한가운데에는 댕기흰죽지도 보인다. 겨울에 비하면 좀더 단조로운 풍경이랄까.

아야진, 홍합과 해초가 잔뜩 박힌 바위 위에 흰줄박이오리들이 앉아 있다. 흰줄박이오리가 물에서 나온 모습은 처음 보는지라 조심스레 접근했다. 수컷 두 마리에 암컷 아홉 마리. 두 달 전에 보았던 검둥오리는 수컷 일곱 마리에 암컷이 겨우 한 마리였는데 암수 구성이 대조적이다. 30미터쯤 다가가니 수컷이 나를 의식했는지 암컷들을 물 쪽으로 슬슬 몰기 시작한다. 그러더니 너도나도 물로 들어가 이내 멀어졌다. 가까이서 보려고 하면 항상 이렇다. 이럴 줄 알면서도 욕심을 어쩌지 못하고 번번이 다가가게 된다. 세가락갈매기들은 한 마리도 보이지 않고 괭이갈매기들만 바위 위에 가득하다.

북천 모래톱에는 많은 오리들이 모여 있다. 군부대 초소만 있고 사람들의 왕래가 없어서 더없이 평화롭게 보인다. 여름깃의 가마우지들과 넓적부리, 가창오리가 몇 마리씩 섞여 있을 뿐 나머지는 대부분 청둥오리다.

대진항 가까운 바위에는 재갈매기, 괭이갈매기, 흰갈매기가 모여 있다. 재갈매기의 머리와 목에는 더이상 줄무늬가 보이지 않는다. 뿔논병아리도 머리 쪽에 붉은 여름깃을 한 채 방파제 가까운 곳에서 쉴 새 없이 자맥질을 하고 있다.

목욕을 하고 있는
괭이갈매기.
눈매가 날카롭다.

번식깃을 하고 있는
민물가마우지.
머리를 하얗게 염색한 것처럼 보인다.

흰줄박이오리.
수컷은 진한 회색과 흰색 무늬가 강렬하다.
잠수복을 입은 것 같다.

흰갈매기 어린 새.
몸 전체가 거의 하얗다.
날개 끝까지 하얀 것이
구분하기 쉬운 포인트.
덩치도 재갈매기에 비해
조금 더 커 보인다.
재갈매기 어린 새

큰재갈매기.
등과 날개 윗면은 어두운 회색이다.
겨울이 지나면서 머리와 목의
줄무늬가 없어졌다.

재갈매기보다
흰색과 회색의 대비가 강하다.
다리 색은 핑크빛.

또다른 큰재갈매기.
머리 위와 목 주변에 갈색
겨울깃이 아직 남아 있다.

화야산의
봄

4월 12일

경기도 가평 화야산. 맑음

청평으로 가는 전철은 평일인데도 알록달록하게 차려입은 등산객들로 붐볐다. 아마 화야산에도 역시 알록달록하고 화사한 꽃들이 한창일 것이다. 들판에는 자잘한 꽃다지가 노랗게 피어 있다.

산으로 접어드니 초입부터 카메라와 삼각대를 챙겨온 등산객들이 여기저기에 자리를 잡고 있다. 커다란 채집망을 휘두르며 곤충을 잡는 사람들도 보인다. 쉽게 보기 힘든 유리창나비 한 마리가 길바닥에 앉아 햇볕을 쬐고 있다. 아직 이른 시간이어서인지 날아가지 않고 가만히 앉아 자태를 뽐냈다.

계곡의 비탈에는 얼레지가 많이 피어 있다. 여러 종류의 제비꽃들과 큰개별꽃, 산괴불주머니도 심심찮게 보인다. 노루귀도 찾았다. 예쁜 꽃들이 많지만 솜털이 붙은 가녀린 꽃대 위에 핀 노루귀 꽃은 볼 때마다 감탄을 자아낸다. 내려오면서 올라갈 때는 보이지 않던 갈퀴현호색과 미치광이풀을 찾아냈다.

등산로에서 벗어난 비탈에 여러 사람이 모여 있기에 가까이 가 보니 흰얼레지가 한 송이 피어 있었다. 꽃 앞에 사진기를 들이밀고 엎드려 있는 사람, 더 좋은 자리를 잡으려고 서성대는 사람들로 어수선하다. 저마다 사진을 찍느라고 여념이 없어서 주변의 얼레지들이 밟히고 있는 것도 모르는 것 같다. 안타까운 마음으로 얼른 자리를 피했다.

등산로 옆 전봇대 구멍에 동고비가 드나들고 있다. 이미 구멍 둘레에 흙을 발라 입구까지 좁혀놓았다.

딱새 수컷이 높은 가지 위에 올라
가서 삑삑 소리를 내고 있다.
암컷은 덤불 아래쪽에서
같은 소리를 내고 있었다.

유리창나비

습기가 많은 계곡 주변으로는
이런저런 버섯이 많다.

까치 사체. 왜 죽었을까?

꿩의바람꽃

회리바람꽃

노루귀

미치광이풀.
이름이 으스스하다.

얼레지

도요새의 뒤를 쫓다

4월 18일

매향리. 흐림

평택 기준 만조 시간 16시 49분 (884)

만조 수위가 높아 도요새 보기가 좋은 날이다. 좋은 물때에 시간대와 빛까지 고려하면 도요새를 보러 가기 좋은 날이 많지 않다. 이때다 싶으면 망설이지 말고 가야 한다. 봄은 짧으니까.

오늘은 매향리 마을을 가로질러 갯벌로 향했다. 마을 회관이었던 곳, 한때는 주민대책위원회* 건물이었던 곳 앞에 전시된 수많은 포탄들을 잠시 구경했다. 잔뜩 녹슬어 있는 유선형의 포탄들은 흡사 어판장에 쌓여 있는 죽은 물고기들 같았다. 해안 쪽으로 난 길에는 철조망이 길게 이어져 있고 안쪽에는 미군 사격장 시절의 낡은 구조물들이 남아 있다.

만조가 두 시간이나 남았는데 마을 가까운 쪽의 해안에는 벌써 물이 가득 들어와 있었다. 좀더 일찍 왔어야 했다. 해안에는 자동차 한 대가 물에 잠기고 있다. 낚시꾼 차량인가. 두 사람이 뒤늦게 달려와 시동을 걸다가 포기하고 그냥 빠져나온다. 밀물은 정말 순식간이다.

* 정확한 이름은 '매향리 미 공군 국제 폭격장 철폐를 위한 주민 대책 위원회'. 1988년 6월 14일 결성하여 미 공군의 폭격 훈련에서 비롯된 오폭 사고와 굉음 피해에 맞서 싸워온 주민 단체다.

조금 남은 모래밭 위엔 검은머리물떼새 다섯 마리가 있다. 물이 들어차서 위태롭게 좁아진 모래밭에서도 굴 껍데기를 뒤적이며 한가롭게 먹이를 찾고 있다. 방조제 쪽 갯벌에는 엄청난 수의 도요새들이 모여 있다. 만 마리는 훨씬 넘으려나. 절반 이상은 붉은어깨도요다. 끼요 끼요- 도요새들은 갯벌을 소리로 가득 채우더니 잠시 후 약속이나 한 듯 다 함께 날아올라 방조제를 따라 사라졌다. 아직 물이 들어오지 않은 갯벌이 넓게 남았는데도 일찍 자리를 뜬 것이다. 좀더 편히 쉴 곳으로 날아갔을까.

방조제 길을 따라 도요새의 뒤를 쫓아갔다. 멀리 화옹호 안쪽의 넓은 모래톱 주변으로 도요새들이 있지만 갯벌에서 봤던 만큼은 아니다. 또다른 쉼터가 궁금하여 근처 매화리 염전으로 가 보았다. 역시 염전 안쪽의 얕은 저수지에 도요새들이 많다. 도요새들이 물때를 잘 알고 있다는 사실이 새삼 놀랍다. 어쩌면 오늘도 물이 가득 찰 것을 알고 조금 더 서둘러 쉼터로 떠났는지도 모른다.

사격장 표적으로 썼던 자동차.

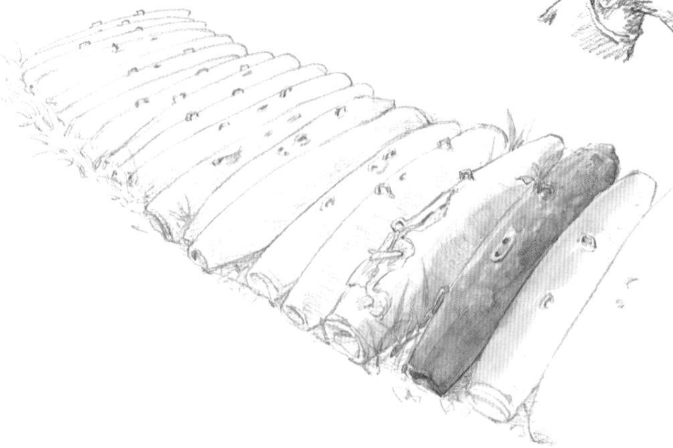

섬에서 수거해
왔다는 불발탄.

가까이 다가온
청다리도요.

수로 옆의 학도요는
아직 겨울깃이다.

한창 피어난 봄

4월 25일

경기도 남양주 천마산. 맑음

지난 11일에 와서 걸터앉았던 벤치부터 살펴보았다. 도시락으로 싸 간 만두를 먹느라고 앉아 있던 벤치다. 그날 박새 한 마리가 이끼를 잔뜩 물고 내 주변을 오락가락하기에 자리를 피해주자 내가 앉아 있던 벤치 밑으로 날아들었다. 사람들이 많이 오가는 곳이어서 무사히 번식을 할 수 있을까 걱정을 하며 멀찍이 서서 박새가 들락거리는 것을 지켜보았었다. 오늘은 아무런 기척이 없다. 번식을 포기한 걸까.

양지바른 웅덩이에 무당개구리 두 마리가 보인다. 소나무 숲길을 걷는데 갑자기 나무 위에서 청설모 한 마리가 툭 떨어졌다. 청설모도 나무에서 떨어질 때가 다 있다. 다행히 바닥이 두툼한 가랑잎 더미여서 푹신했을 테지만, '퍽' 하는 소리가 제법 컸으니 충격이 적지는 않았을 것이다. 청설모는 잠시 멈칫하더니 정신을 차렸는지 서둘러 소나무 줄기를 타고 올라갔다. 흰배지빠귀도 한 마리 보이고 어치도 두세 마리쯤 분주히 돌아다닌다. 다람쥐들도 이곳저곳에서 제법 눈에 띈다. 한 녀석은 낙엽 밑에 숨겨두었던 도토리를 찾아 껍질을 까고 있는데 이미 볼에 먹이가 가득해 보인다.

고갯마루 아래의 가파른 비탈에 금붓꽃이 한창 피어 있다. 4월초에는 겨우 싹이 올라와 있었는데 어느새 활짝 피었다. 침엽수 군락에서 파다 만 나무 구멍 두 개를 찾았다.

까막딱따구리가 있을지 모르겠다. 한동안 귀를 기울이며 가만히 둘러보았지만 산속은 고요하기만 하다. 북쪽 비탈의 계곡 길은 갈 때마다 다른 꽃밭으로 바뀌어 있었다.

산을 내려와 시외버스 정류장까지 가는 길이 참 멀다. 그렇다고 하루 몇 번밖에 안 들어오는 마을버스를 기다리고 있을 수도 없어서 개천 길을 따라 천천히 걸어갔다. 다행히 주변 들판에 꽃나무가 많아서 걷는 길이 심심치는 않았다.

나무에서 떨어진 청설모.
자기도 놀랐는지 잠시 주춤했다.

무당개구리가
도롱뇽 알 위에 올라타 있다.

어치가 부러진 나뭇가지
틈에 뭔가를 끼워놓고
껍질을 벗겨 먹는 듯하다.
열매 같기도 하고 새순 같기도 한데
잘 보이지 않는다.

흰배지빠귀

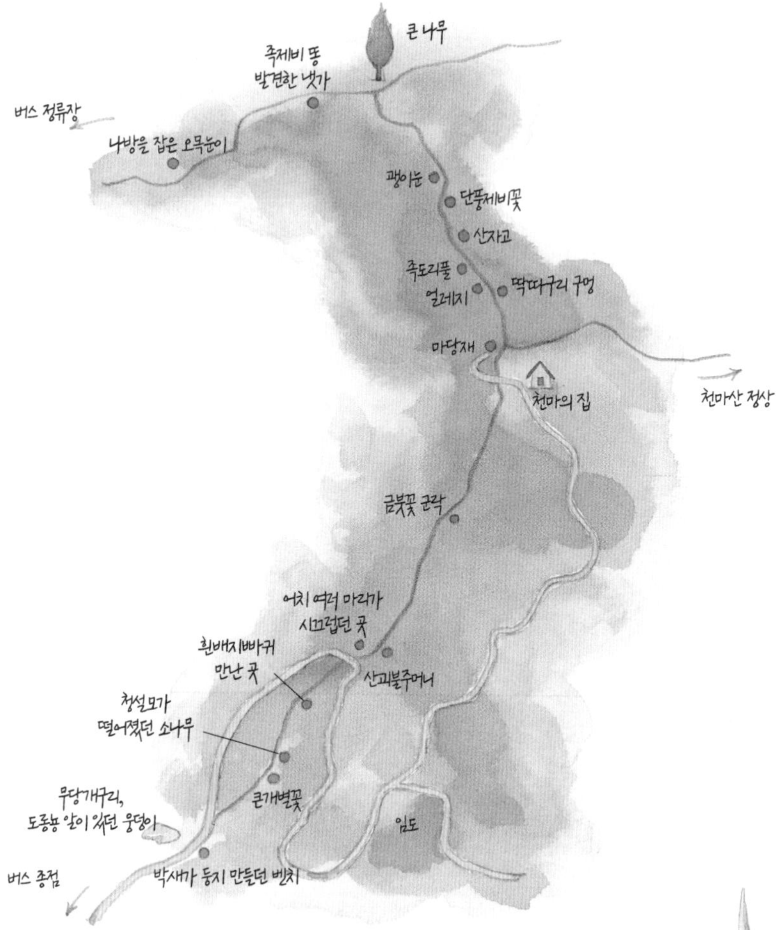

금붓꽃.
보통 알고 있는 붓꽃보다 작다.
지난번에 왔을 때 잎이
올라온 것을 봤지만
꽃이 핀 것은 처음 봤다.

처음 만나는 산자고.
가슴이 설렌다. 가녀린 꽃대가
쑥 나와 있는 모양이 예쁘다.

얼레지.
우아하게 고개를
숙인 보라색 꽃.
만날 때마다 반갑다.

피나물.
얼핏 보면 애기똥풀처럼 보인다.
'퍼머넌트 옐로 딥'의
강렬한 노란색.

족도리풀.
꽃 모양도 특이하지만
꽃이 거의 바닥에 닿을 듯이
낮게 피는 것이 색다르다.
꽃과 잎의 자리를 바꾼 까닭이 무엇일까?

오목눈이.
내가 꽤 가까이서 보고 있는데도
나방을 문 채로
두리번거리며 앉아 있다.

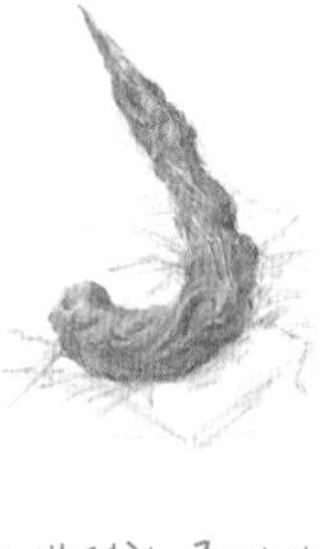

냇가에서 발견한 족제비 똥.
나무 꼬챙이로 물을 축여서 헤집어봤더니
털 뭉치가 나왔다.
쥐 털이 아닐까 싶다.

모내기 철의 천수만

5월 3일

충남 태안 신진도와 천수만. 맑음

섬 탐조의 계절이 돌아왔다. 먼 거리를 이동하는 새들이 잠시 머무르는 곳, 섬. 섬 탐조에서는 뭍에서 보기 어려운 여러 새들을 만날 수 있기 때문에 보물창고를 들여다보는 것 같은 기쁨이 있다. 신진도는 서해 쪽으로 튀어나온 태안반도의 서쪽 맨 끝에 있다. 바다를 건너온 새들이 내륙으로 들어오는 관문과도 같은 섬이다. 게다가 육지와 다리로 연결되어 있어 찾아가기도 좋다. 같이 탐조를 다니는 친구와 새벽을 달려 아홉시쯤 섬에 도착했다.

기대와는 달리 새들이 별로 보이지 않는다. 사람들이 많이 찾아와서 그런지 덤불 사이를 오가는 작은 새들도 좀처럼 곁을 주지 않는다. 갈대 사이로 촉새와 개개비가 나타나는가 싶더니 곧 사라졌을 뿐이다. 덕분에 해안가 습지에서 짝짓기에 바쁜 참개구리들이나 한참 구경했다. 운이 없나보다 하고 천수만으로 이동했다. B지구 농경지도 한적하고 썰렁하기는 마찬가지다. 모내기를 할 때가 다가오는지 논을 갈고 있는 트랙터의 뒤를 황로 몇 마리가 평화롭게 따르고 있다. 가끔 물 고인 논바닥에서 먹이를 찾는 알락도요와 청다리도요가 보인다. 사람도 없고 새도 귀한 넓은 들판에서 만나니 반갑다.

어사리에 도착하니 만조 시간이 다 되어 해안이 거의 물에 잠겨 있다. 아직 남아 있는 모래톱 위에는 도요새들이 쉬고 있다.

쉰 마리쯤 되려나. 개꿩, 꼬까도요, 민물도요, 붉은어깨도요, 노랑발도요… 다양하다. 도로 가까이에 더 넓은 모래 해안이 있지만, 오히려 이곳이 더 안전하다 싶은지 몸통까지 물이 차올랐는데도 위태롭게 머물러 있다. 문득 해안 도로가 생기기 전에는 이곳 풍경이 어땠을지 궁금해졌다. 꼬마물떼새와 왕눈물떼새 몇 마리가 우리 일행을 보고 잔뜩 경계하며 슬슬 움직이고 있다.

천수만 A지구의 아직 갈아엎지 않은 논에는 쇠기러기 수십 마리가 보인다. 아직도 먹을 만한 볍씨가 남아 있는지 열심히 논바닥을 파헤치고 있다. 어쩌다 여태 떠나지 못한 걸까. 간월호 가장자리의 수초 사이에는 여름깃의 뿔논병아리 한 쌍이 다정해 보이고, 얕은 물에서는 잉어들이 알을 낳고 있는지 소란스레 텀벙대고 있다. B지구와 달리 많은 논에 물이 차 있고, 먹이를 찾거나 쉬고 있는 도요새들이 꽤 보인다. 만조가 되어 논으로 들어온 것 같다. 먹을 것이 많아서 그런지 도요새들이 갯벌에서 만났을 때보다는 곁을 잘 주는 편이다. 그중에서도 알락도요들이 가장 경계가 느슨하다.

논 옆 수로의 버드나무 가지에 물총새가 앉아 있다. 하루 종일 무채색에 가까운 갯벌과 논바닥, 도요새들을 보다가 화려한 물총새를 만나니 눈이 부실 지경이다. 나뭇가지에 앉아 천연덕스럽게 나를 바라보는 해오라기 어린 새도 만났다.

해미천 상류의 모래톱에는 겨울 오리들이 보이고 하늘에는 여름 철새인 해오라기가 날고 있다. 댕기흰죽지, 쇠오리, 고방오리, 홍머리오리… 아직 떠나지 않은 겨울 철새들은 어쩌면 천수만에 머무르기로 작정했는지도 모른다.

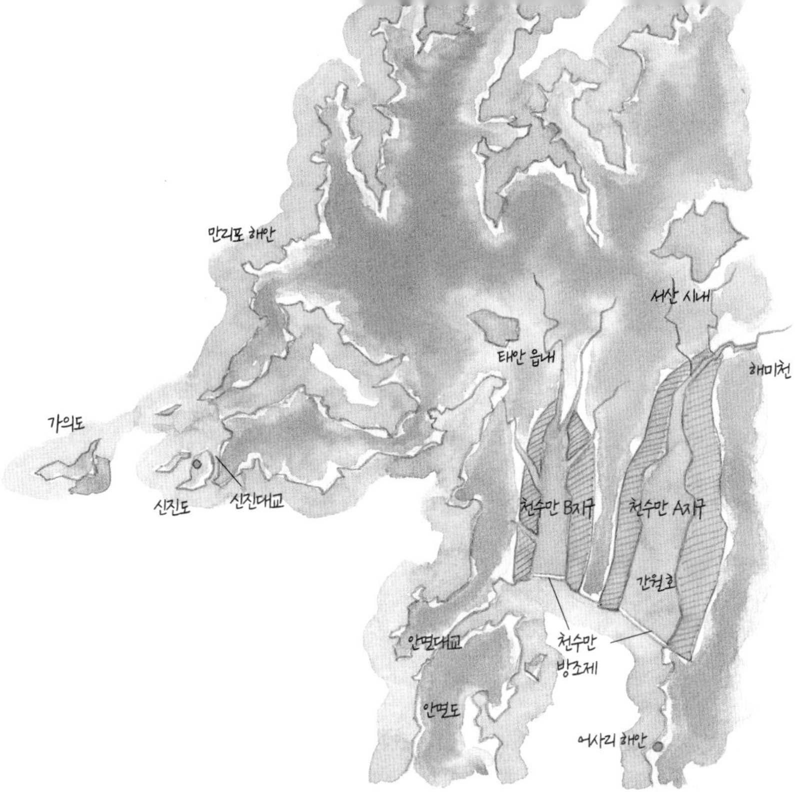

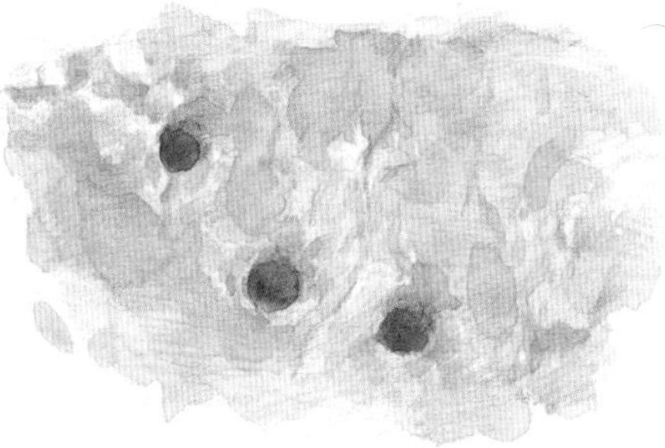

농로 옆 흙벽에 몇 개씩 구멍이 뚫려 있다.
물총새 구멍보다 큰 것으로 보아
지난해 청호반새가 번식했던
구멍이 아닌가 싶다.

노랑눈썹솔새.
솔새류를 많이 만나봤지만
아직도 정확한 동정에 자신이 없다.
작은 몸집으로 덤불 사이를 날쌔게 오고 가면
동정을 포기할 수밖에 없다. 이럴 때는 카메라가
제 몫을 톡톡히 한다. 운 좋게 찍은
사진 속에 노랑눈썹솔새의
모습이 또렷이 담겼다.

참개구리 수컷이
덩치가 큰 암컷 등에 업혀 있다.
수컷은 가만히 업혀 있다가 가끔 울음주머니를
부풀리며 소리를 낸다. 볼 양쪽 크기가
다른 것이 재미있다.

학도요.
이미 여름깃으로 갈아입어
몸 전체가 검은색이다.
긴 다리와 부리 덕분에
우아해 보인다.

알락도요. 농로 옆에 차를 세우고
가만히 있으니 바로 옆까지 다가왔다.
가끔 두리번거리며
하늘을 쳐다볼 뿐 옆에 사람이 있어도
조금도 개의치 않고
먹이 찾기에 열중한다.

메추라기도요.
어떤 점이 메추라기와 닮았다는 걸까.
적갈색 머리와 뚜렷한 흰색 눈썹선 때문에 인상이 강하다.

왕눈물떼새. 눈치를 보며 살살 움직이다가
깃털을 다듬더니 바닥에 주저앉아
알 품는 시늉을 한다.
근처에 진짜 둥지가 있을까?

노랑발도요. 다른 도요새들은 모래톱에서 쉬는데
이 녀석들만 따로 바위에 모여 있다.

조금 떨어진 곳에서 본 검은머리갈매기.
머리는 아직 검게 변하지 않았고
날개 끝의 무늬가 또렷하지 않다.

도요새 여러 종류가 같이 있으면 크기 비교하기가 좋다. 꼬까도요와 민물도요는
이미 여름깃으로 갈아입고 있지만 개꿩은 아직도 겨울깃을 달고 있는 녀석과
여름깃으로 갈아입은 녀석이 섞여 있다.

쇠청다리도요.
언뜻 보고는 청다리도요라고 생각했지만 곧고
가늘게 뻗은 부리 덕분에 제대로 알아볼 수 있었다.
청다리도요와 같이 있었다면
작은 몸집 때문에
금방 알아차릴 수 있었을 것이다.

물총새.
오늘 만난 가장 화려한 녀석이다.
빛에 따라 색깔이 다르게 보이는 것 같다.
어떤 때는 강렬한 '세룰리안 블루'로 보이기도 하지만
오늘은 청록색이 선명하다.

낯선 새소리

5월 24일

신진도와 천수만. 맑음

신진도에 밤색날개뻐꾸기가 날아왔다는 소식을 듣고 3주 만에 다시 찾아왔다. 하지만 어디로 가야 만날 수 있을지 막막하다. 솔방울을 뜯어 먹는 청설모를 우두커니 바라보다가 산길로 들어섰다. 섬의 뒤편은 기암괴석이 늘어선 절벽 지대다. 서해안이라고는 믿기지 않을 만큼 푸르고 맑은 바닷물과 바위들이 훌륭하게 어우러져 있다. 바위에는 중부리도요와 바다직박구리가 앉아 있고 숲 위로는 새홀리기가 날았다. 작은 섬의 야트막한 산이지만 경사가 급하다보니 무거운 렌즈를 들고 다니기에 벅차다.

어두운 소나무 숲을 지날 때 낯선 새소리가 들렸다. 갈색과 검은색, 그리고 긴 꽁지! 도감에서 보았던 바로 그 밤색날개뻐꾸기! 사실 나뭇잎에 가려 있어서 또렷이 보지는 못했다. 어쩌면 보고 싶은 마음 때문에 환영을 그려냈는지도 모른다. 숲에서 빠져나와서도 기다려보았지만 그 새는 다시 모습을 보이지 않았다.

천수만은 모내기가 한창이다. 간월호 가장자리에서 사냥을 하는 쇠제비갈매기를 만났다. 지그재그를 그리며 빠르게 날다가 짧게 정지비행을 하고는 쏜살같이 물로 곤두박질친다. 그 순간을 카메라로 잡아볼까 했지만 어찌나 빠른지 도저히 쫓아갈 수가 없다. 두 마리의 쇠제비갈매기가 15분이나 사냥을 하고는 멀리 날아갔다.

아직 모내기를 하지 않은 논에 큰기러기가 열 마리 남짓 쉬고 있다. 곧 여름이 다가올 텐데 이동이 너무 늦어 보인다. 천수만에서 여름을 나려나. 도요새들도 다들 떠났는지 깝작도요와 알락도요 몇 마리만 있을 뿐 5월초와는 풍경이 사뭇 달라져 있다.

바위 해안에서 흔하게 볼 수 있는
바다직박구리.
노랫소리가 아름답다.

제비딱새. 눈이 크다.
부리 주변에 수염 같은 털이 나 있다.
날아다니는 작은 곤충을 잡을 정도로
비행 실력이 좋다.

쇠제비갈매기.
날개는 낫처럼 좁고 길다.
꽁지깃은 제비처럼
두 갈래로 갈라져 있다.

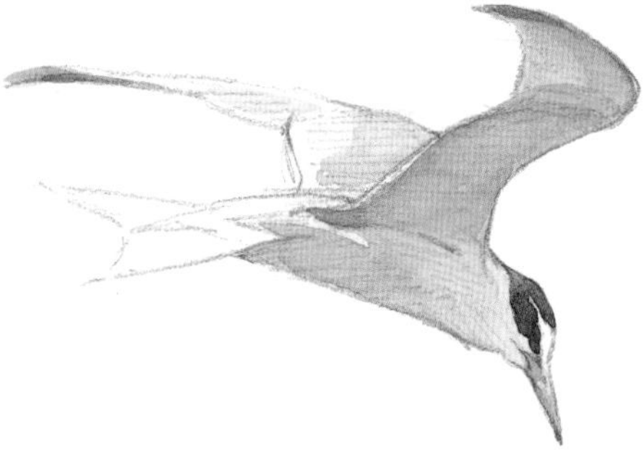

정지비행과 다이빙을 반복하더니
작은 물고기를 잡아 문 채 날아갔다.
잠시 후에 빈 부리로 다시 돌아온 걸 보면
근처에 둥지가 있을지도 모르겠다.

여름이 다가오는데
아직 기러기 무리가 보인다.
부리가 긴 것을 보니
큰부리큰기러기 같다.

중대백로의 사냥.
물고기가 많은지 뛰어다니며
열심히 사냥을 하고 있었다.

2장

아침 강가

2011년
6월 ~ 12월

며칠간 내린 장맛비로 한강물이 많이 불어났다.
팔당댐은 수문을 열고 물을 쏟아내며
안개처럼 하얀 물거품을 만들어내고 있다.
새벽부터 내리던 보슬비는 양수리 산책로에 접어들자 조금씩 잦아든다.
이윽고 잠시 햇살이 비추고, 여기저기서 새소리가 들려오기 시작한다.
조용하던 아침 강가에 활기가 넘쳐난다.

외연도의 제비

6월 2일

충남 보령 외연도. 짙은 안개

짙은 안개로 여객선이 40분이나 늦게 출발했다. 두 시간이나 걸리는 먼 뱃길이라 날씨가 도와주지 않으면 어렵게 잡은 탐조 여행이 무산될 수 있다. 작년 4월에도 파도 때문에 못 들어갔던 적이 있어서 조마조마했는데, 뒤늦게라도 배가 떴으니 다행이다.

이동 시기가 지나버린 6월이라 큰 기대는 하지 않았지만 제비와 괭이갈매기 말고는 새가 통 보이지 않는다. 숲에서 뻐꾸기, 두견이, 휘파람새 소리가 날 뿐 한창때와 비교하면 섬 전체가 썰렁하다. 이미 대부분 이동을 마쳤을 테니 섬에 있는 새들은 텃새거나 이곳에서 번식하는 여름 철새일 것이다. 동행을 한 낚시꾼 친구들이 갯바위에서 장비를 푸는 동안 섬을 한 바퀴 돌아보기로 했다. 외연도는 작은 섬이어서 해안 산책로와 항구를 둘러보는 데에 한 시간이면 충분하다.

5월에 비해 숲은 조금 더 우거진 느낌이다. 간혹 휘파람새 소리가 들리기는 해도 눈에 띄는 새는 없다. 새가 없으니 풍경과 꽃들이 더 눈에 들어온다. 섬 안의 보물 같았던 습지는 그사이 공원으로 멀끔하게 정비가 되었다. 흰날개해오라기가 땅강아지를 잡아먹고 열대붉은해오라기가 높이 날던 곳이었는데 여름철 피서객들을 받으려고 인공 연못을 만들어버렸다.

제비들이 떼로 날고 있다. 귀제비, 제비, 흰턱제비. 얼핏 보아도 크기 차이가 두드러진다. 가장 큰 것은 귀제비이고 흰턱제비가 가장 작다. 날벌레 무리를 쫓는 모습이 과연 제비답게 날쌔다. 게다가 머리 위를 날고 있으니 무거운 망원렌즈가 쫓아가기 버겁다. 하는 수 없이 바닥에 누워서 촬영했더니 어렵게 찍은 사진 속에 흰턱제비가 있다. 이동 중인 개체일까 아니면 이 섬에서 번식을 하려고 머무는 것일까. 날아다니는 제비들 위로 붉은배새매 암컷이 보인다. 힘든 이동으로 날개깃이 닳아 있다.

외연도의 해안 풍경은 아름답다. 사금, 고라금, 누적금, 돌상금, 작은 명금, 큰 명금… 이름도 예쁜 바위 절벽이 펼쳐져 있다. 상록수림 안에는 지난 태풍에 넘어진 나무가 그대로 누워 있다. 한낮에도 숲속이 어두울 정도로 나무가 우거져 있던 곳인데 복구를 했다더니 아직 황량한 느낌이다.

섬을 두 바퀴쯤 돌아 마을로 내려왔다. 제비류는 눈에 잘 띈다. 전깃줄에 제비, 귀제비, 흰턱제비가 나란히 앉아 있으니 재미있다. 그런데 갑자기 흰턱제비가 거친 소리를 내면서 귀제비를 쫓아내더니 다시 제자리에 앉는다. 덩치는 작지만 제일 센 녀석인가. 흰털이 난 발이 귀엽다. 섬을 몇 바퀴나 돌았는지, 새는 보지도 못한 채 들고만 다닌 무거운 렌즈 때문에 어깨가 빠질 것 같다. 나뿐만 아니라 낚시꾼 친구들도 별 소득이 없다. 저녁거리를 기대했더니 사먹는 수밖에 없겠다.

농어 낚시한 갯바위
북방쇠찌르레기 사체
해녀들이 일하던 곳
새홀리기가 앉았던 나무
중백로 사체
공원으로 바뀐 습지
상록수림
사당
해안 산책로
봉화대가 있는 산
때까치 개구리 먹던 곳
외연도 초등학교
제비류, 붉은배새매가 비행하던 언덕
발전소
검은바람까마귀
밭
흰턱제비
첫갈통 보관 공터
흰날개해오라기
공사 중인 습지
선착장
쓰레기장
회색머리아비

지칭개

흰민들레

보리수 열매

살갈퀴.
싸리나무와 비슷하다.

엉겅퀴

해녀들이
숨비소리를 내고 있었다.
처음 듣고는
무슨 새소리인가 했다.

해안에서 발견한 새의 사체.
많이 훼손되었지만 크기나 깃털의
색깔로 보아 북방쇠찌르레기가
아닐까 싶다.

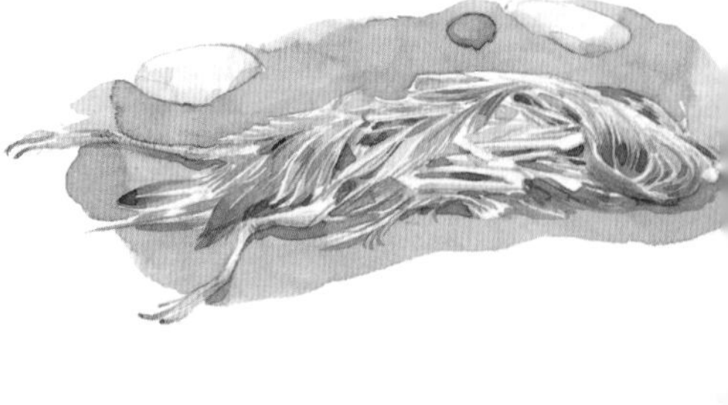

제비가 땅바닥에 앉은 모습은
좀 낯설다.
바닥에 있는 무언가를
쪼아 먹는 듯했다.

새홀리기. 두 마리가 보였다.
외연도에서 번식할지도 모르겠다.

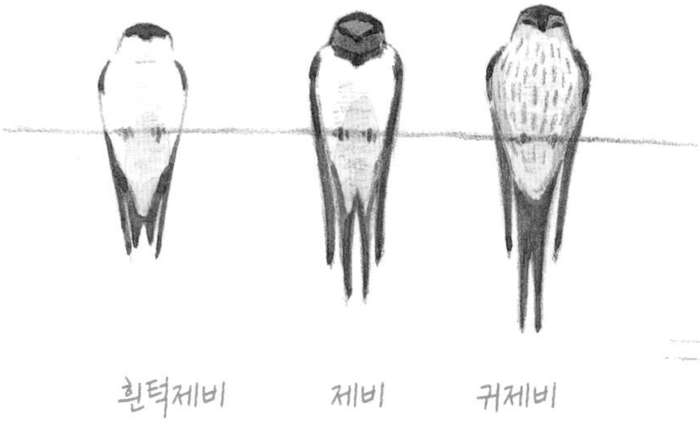

흰털제비 제비 귀제비

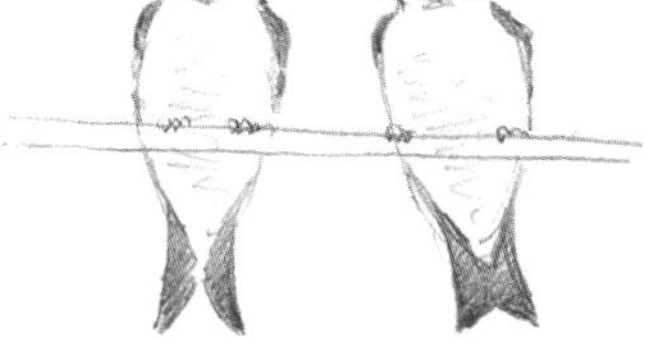

흰턱제비 흰털발제비

흰턱제비.
처음엔 '흰털발제비'인 줄 알고
새 사진 사이트에 게시했더니
경험 많은 분이 '흰턱제비'라고 알려주었다.
흰턱제비의 꽁지깃이 흰털발제비보다
더 깊게 갈라져 있다.

지난 태풍으로 나무들이
뿌리째 뽑혀 넘어져 있다.

어제의 흰턱제비

6월 3일

외연도. 짙은 안개 뒤 맑음

아침 산책을 나갔다가 전깃줄에서 낯익은 실루엣을 발견했다. 검은바람까마귀이다. 힘든 이동으로 깃이 많이 상했다. 녀석은 주변을 펄럭펄럭 날아다니다가 전깃줄로 돌아오기를 되풀이했다. 서둘러 아침을 먹고 다시 나와서 둘러보니 일정한 구역을 날아다니며 사냥을 하고 있는 것 같았다. 마을 회관 옥상에 올라가 눈높이를 비슷하게 맞추고 지켜보았다. 사냥 실력은 꽤 좋아 보였다. 거의 5분 간격으로 나방을 한 마리씩 물고 날아와 전깃줄에서 먹는다. 제비들도 날아다니며 사냥을 하고 있다. 그런데 제비와 귀제비만 보이고 어제의 흰턱제비는 보이지 않는다. 아침에 떠난 걸까.

섬의 서쪽 편 방파제로 나갔다. 방파제 너머는 파도가 없어 호수처럼 잔잔했다. 오리만큼 커다란 물새 한 마리가 둥둥 떠 있다. 회색머리아비. 겨울 철새가 아직 남아 있다니 뜻밖의 만남이다. 뒤늦게 이동하다가 이곳에서 잠시 쉬는 것인지, 아니면 겨울깃에 기름이 묻으면 깃갈이를 마칠 때까지 남아 있기도 한다더니 그래서인가. 어쨌든 이미 완연한 여름깃을 하고 있어서 곧 떠날지도 모르겠다. 잔잔한 바다 위를 떠다니는 모습이 꽤 편해 보인다. 방파제 옆 빈터에는 여전히 쓰레기가 쌓여 있다.

흰날개해오라기가 땅강아지를 잡아먹던 맞은편 습지에서는

건물을 지으려는지 중장비가 흙을 퍼내고 있다. 물웅덩이에 있던 흰날개해오라기가 인기척에 놀라 쓰레기 더미 위로 날아갔다. 먹이가 풍부하던 예전의 습지를 그리워하고 있는지도 모르겠다. 섬 한가운데 넓은 공터에는 그물을 널어 말리고 있다. 커다란 젓갈통 사이로 빨강, 파랑, 노랑의 원색이 펼쳐진다.

공원으로 바뀐 예전 습지 근처에서 언덕을 오르다가 때까치를 만났다. 전깃줄에 암수 두 마리가 앉아 있다. 암컷이 펠릿*을 토하더니 덤불로 내려가 나뭇가지에 꽂아두었던 개구리 다리를 떼어 먹는다. 근처에 개구리 울음소리가 많이 들리더라니… 자갈밭 해안에는 쓰레기가 밀려와 띠를 이루고 있다. 검은 기름이 묻은 쓰레기들이다. 지난 유조선 사고**의 여파가 이곳까지 미친 게 아닌지.

친구들이 드디어 커다란 농어를 낚아올렸다. 입이 크고 비늘이 예쁘다. 낚시로도 이름난 섬답게 낚시꾼들을 실망시키지 않았다. 배를 기다리며 남은 시간 내내 전깃줄만 쳐다보고 다녔다. 검은바람까마귀와 제비, 귀제비들만 보일 뿐 흰턱제비는 다시 찾을 수 없었다. 녀석이 귀한 만남을 두 번은 허락하지 않았다.

---

* pellet. 육식성의 새가 소화하기 어려운 뼈나 털 등을 작은 덩어리 형태로 토해낸 것.

** '태안 기름 유출 사건'이라고 불린다. 2007년 12월 7일 인천대교 시공을 마친 삼성물산 소속의 삼성1호 크레인 부선을 예인선이 경남 거제로 끌고 가다가 와이어가 끊어지면서 부선이 근처에 정박해 있던 유조선 허베이스피릿 호와 충돌했다. 이 사고로 유조선에 실고 있던 12,547킬로리터(78,918배럴)의 원유가 바다로 흘러나와 서해 앞바다가 크게 오염되었다.

검은바람까마귀.
이름을 잘 붙인 것 같다.
좀 낭만적이기도 하고…

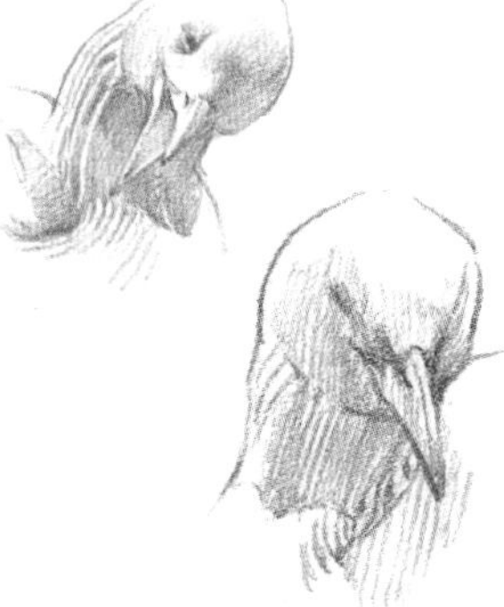

다리가 몸의 뒤쪽에 있다.

회색머리아비.
서해에서 이 계절에 만난 건 처음이다.
여름깃을 하고 있다.
줄무늬가 독특한 느낌을 준다.

흰날개해오라기.
쓰레기장 주변에
여러 마리가 보인다.

소리쟁이.
젓갈통을 보관하는 넓은 공터와
쓰레기장 가는 길에 많이 있다.

섬 곳곳에 버려진 차들이 많다.

50센티미터가 넘는 농어.
입이 매우 크고 비늘의 광택이 예쁘다.

호래기(꼴뚜기) 데침. 일행 중 한 명이
아침 일찍 포구에 나가 사온 것을
아침 반찬으로 함께 먹었다.

때까치.
개구리를 먹는 모습을 처음 보았다.
나뭇가지에 개구리를 꽂아놓고는
부리로 뜯는다. 날카로운 부리 모양이
마치 맹금류의 부리 같다.

아쉬웠던
짧은 만남

6월 13일

제주 마라도. 맑음

제주도는 언제나 관광객이 많다. 마라도에 들어가는 쾌속선을 예약해둔 것은 다행이었지만, 모슬포로 다시 나오는 배편을 예약하지 않은 바람에 겨우 한 시간밖에 머무를 수 없었다. 짧은 시간이었지만 가는 길 내내 갑판에서 슴새들의 비행을 구경했더니 과연 남쪽 먼바다에 나온 느낌이 든다.

마라도 하늘에는 수많은 칼새가 날아다니고 있다. 섬 둘레가 모두 절벽이라 번식하기 좋을 것이다. 빠르게 비행하는 녀석을 간신히 촬영했는데 입안이 불룩한 녀석들이 있다. 먹이 사냥을 하던 중이었나보다.

섬의 복판, 소나무 숲 꼭대기에는 황로와 중대백로가 많이 앉아 있다. 풀밭에는 종다리로 보이는 녀석들이 폴짝 날아올랐다가는 금세 숨어버린다. 새끼를 품는 중인가 싶은데 확인할 수가 없다. 날벌레를 물고 있는 바다직박구리도 보인다. 어린 매 한 마리가 남쪽 해안으로 멀찌감치 날아가는 것도 보았다. 마라도가 철새들의 중간 기착지라지만 6월은 철새를 관찰하기에 때가 너무 늦은 것 같다.

섬을 나오는 배는 예정보다 30분이나 늦게 출발했다. 그 덕분에 선착장에서 시원하게 불어오는 바닷바람을 쐬며 급하게 흘린 땀을 식힐 수 있었다.

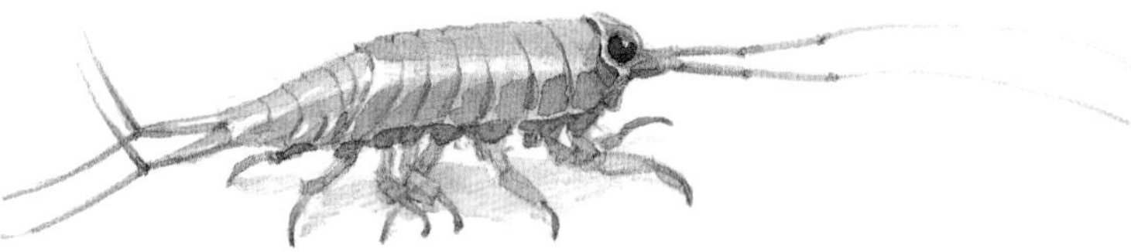

갯강구.
떼로 몰려다니는 모습은
좀 징그럽지만
한 마리를 놓고 찬찬히 들여다보면
참 야무지게 생겼다.

슴새.
날개와 몸 윗면이 어두운 갈색이며
날개폭이 좁고 길다.
바다 위를 스치듯 낮게 날았다.

바다직박구리. 수컷의
몸빛은 파란 바다를 닮았다.

갯까치수영.
까치수영과는 전혀 닮지 않았다.
잎이 두툼하고 윤기가 있다.

가시엉겅퀴

입안에 벌레를
잔뜩 물고 있는 것 같다.

칼새.
이름처럼 길고 날카로운 칼 모양의
날개를 가지고 있다.
머리 위로 가깝게 지나갈 땐
휙휙 날갯짓 소리가 들린다.

활기 넘치는
아침 강가

7월 2일

팔당. 보슬비 온 뒤 갬

며칠간 내린 장맛비로 한강물이 많이 불어났다. 팔당댐은 수문을 열고 물을 쏟아내며 안개처럼 하얀 물거품을 만들어내고 있다. 새벽부터 내리던 보슬비는 양수리 산책로에 접어들자 조금씩 잦아든다. 이윽고 잠시 햇살이 비추고 여기저기서 새소리가 들려오기 시작한다. 높은 전깃줄 위에는 반가운 뻐꾸기가 울고 있다. 산책로 옆 갈대밭에도 개개비들이 객객대며 무언가를 주장하는 듯 시끄럽다. 제대로 비를 피할 곳이 없었는지 볼품없이 쫄딱 젖은 직박구리 두 마리도 낮은 나뭇가지에 앉아 소란스럽다. 키 큰 플라타너스의 높은 가지에는 노란 꾀꼬리도 있다. 조용하던 아침 강가에 활기가 넘쳐난다.

양수교 옆의 습지, 돌미나리밭에서는 수확이 한창이다. 물가의 갈대 사이로는 물닭 두 마리가 들락거린다. 갈대밭 속에 새끼 세 마리를 숨겨놓고 어미만 분주한 것이다. 새끼들은 좀처럼 갈대밭 밖으로 나오지 않는다.

찔레 덤불에 매달린 붉은머리오목눈이가 무언가에 열중하느라 가까이 다가가도 신경을 쓰지 않는다. 벌레를 잡나 했더니 하얀 거미줄을 뭉쳐서 모으고 있다. 둥지 재료를 모으는 모양이다. 이제야 번식을 준비하는 건지, 알을 품다가 둥지를 고치는 중인지 궁금했다. 그렇지만 가시덤불 속이 어두워서 둥지를 찾지는 못했다.

물닭 새끼.
어린 새는 보통 귀여운 편인데
물닭 새끼는 참 볼품없어 보인다.

붉은머리오목눈이.
몸이 아주 가벼워 보인다.

뻐꾸기

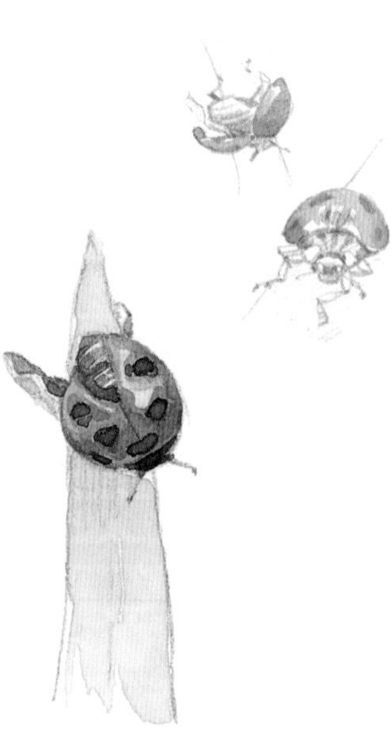

박새.
연두색 애벌레를 물고 있다.
아직도 새끼를
키우고 있는 것 같다.

개개비.
머리깃을 세우면 인상이 달라진다.
객객 울 때는 찢어져라 입을 벌리고
목 아래를 잔뜩 부풀린다.

교각 아래에 서서 강물을
내려다보는 왜가리.
낚시꾼 같다.

장맛비 내리는 시화호

7월 8일
시화호. 비 약간

이번 장마에는 유난히 비가 잦다. 하늘이 잔뜩 찌푸리더니 시화호에 들어설 즈음에 가느다란 비를 뿌리기 시작했다. 비포장도로 곳곳의 크고 작은 물웅덩이 때문에 운전하기가 조심스럽다. 잠시라도 한눈을 팔다가는 차 밑바닥을 긁기 일쑤다. 삘기는 이삭에 물기를 흠뻑 머금은 채 기울어져 있고 갈대는 더욱 초록이 짙어지고 있다.

수로 옆 전봇대에는 황조롱이 암컷이 앉아 있다. 올 때마다 항상 그 자리에서 보는 것 같다. 같은 녀석인지는 알 수 없지만 황조롱이가 좋아하는 자리임에는 틀림없다. 지난봄, 새끼를 키우느라 고생했는지 날개와 꽁지깃이 많이 상했다. 갈대밭에는 시끄럽게 울어대는 개개비 몇 마리가 보인다. 방수제 도로 옆 습지에서는 어린 저어새가 혼자 먹이를 찾고 있다.

잠시 비가 그쳐 물가를 따라 조금 걸었다. 멀지 않은 곳에서 쇠제비갈매기가 물속으로 곤두박질친다. 공중에 달려 있듯이 한자리에서 날갯짓을 하다가 망설임 없이 물속으로 뛰어드는 모습이 어쩌면 그리 멋진지 한참 동안 지켜보았다.

시화호는 습기를 잔뜩 머금고 가라앉아 있다. 한여름인데도 바람이 서늘하여 어느새 두 팔을 감싸 쥐게 된다. 새들을 많이 관찰하지는 못했지만 고즈넉한 풍경이 오래도록 마음에 남는다.

황로.
아직 번식깃이 남은 개체도 있고
하얗게 겨울깃을 한 개체도 있다.

칠면초

쇠제비갈매기

황조롱이.
주변에 날아다니는 잠자리를
노리고 있다.

무언가를 뜯고 있는 사람들. 칠면초나 세발나물 같은 것이 아닐까?

어리연꽃 위의 덤불해오라기

8월 9일

경기도 안산 화랑저수지. 보슬비

덤불해오라기는 관찰하기가 쉽지 않다. 하천의 트인 곳에서 사냥을 하는 해오라기와 달리 덤불해오라기는 물풀 사이에 몸을 숨기는 습성이 있기 때문이다. 그런데 최근 인터넷에 올라온 덤불해오라기 사진들은 조금 놀라웠다. 화랑저수지의 사방이 트인 연밭에서 사냥하는 모습이 대부분이었던 것이다. 그렇게 많은 사람들이 촬영을 했다면, 개체 수가 아주 많거나 사람의 시선을 무시할 만큼 사냥 장소가 매력적이라는 말인가. 몹시 궁금했지만 망설이기만 하다가 드디어 새벽같이 길을 나섰다. 이렇게 비가 내리는 새벽이라면 사진을 찍으러 올 사람들이 없을 것이다.

다행히 저수지 주변에는 산책하는 사람조차 없이 고요했다. 그리고 곧 사냥 중인 덤불해오라기를 발견했다. 저수지를 가득 메운 어리연꽃 잎을 딛고 사뿐히 걸어다니고 있었다. 예상대로 개체 수도 많아 보인다. 올해 태어났지 싶은 어린 새도 눈에 띄었다. 그러고 보니 덤불해오라기 말고도 여러 종류의 어린 새들이 수초와 덤불 사이에서 보였다. 화랑저수지는 시내 한복판에 있어서 교통이 좋은데다가 시화호에서 가깝다보니 여러모로 새를 관찰하기 좋은 곳이다. 동네에 이런 저수지가 있다면 매일같이 산책 나오고 싶을 것 같다.

갑자기 시끄러운 기계음이 저수지의 적막을 깼다. 관리

직원들이 뗏목을 타고 다니며 어리연꽃을 걷어내려는 참이었다. 이미 며칠 전부터 작업을 해왔는지 걷어낸 연잎이 이곳저곳에 쌓여 있다. 여기서도 덤불해오라기를 보는 것이 이제는 힘들어지겠다. 어쩐지 새 사진가들이 없더라니… 덤불해오라기를 위해 어리연꽃을 조금은 남겨두기 바라며 뒤돌아 나왔다.

너구리.
옆모습이 개와
비슷하다.

산책로 옆 잔디밭에 너구리 한 마리가 앉아 있었다.
야행성이고 사람을 피하는 것이 보통인데
어쩐 일인지 느긋해 보인다.
까치 몇 마리가 너구리 주변을
어슬렁거리기까지 한다.

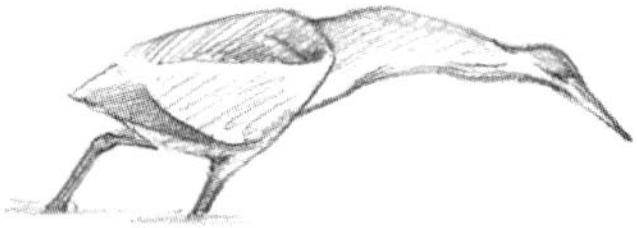

어리연잎을 밟고 서면
발목까지 잠긴다.

덤불해오라기.
해오라기보다 덩치가 작다.
목을 쭉 편 모습이
초식 공룡 같다.

개개비 어린 새 두 마리.
풀잎에 불안하게 앉아 있다.
어미가 와서 먹이를 주고 갔다.

논병아리 어린 새.
어미와 달리
얼굴에 복잡한 무늬가 있다.

늦여름 아야진의 바다새들

8월 21일
강원도 고성 아야진. 맑음

휴가철이 끝나가고 있지만 아직도 햇살은 뜨겁고 피서객들도 많다. 아야진을 찾은 도요새 무리는 인적이 뜸한 해안의 가장자리에서 먹이 활동을 하고 있지만 간혹 사람들 가까이로 다가가는 대범함을 보이기도 한다.

청간리 해안에서 가장 먼저 눈에 띈 것은 세가락도요들이다. 겨울에 만났던 세가락도요들과 달리 거뭇한 여름깃의 흔적이 아직 남아 있다. 무리 가운데에는 좀도요와 붉은어깨도요도 섞여 있다. 서로 무심한 듯 떨어져서 먹이를 찾다가도 사람들이 가까이 다가가면 같은 무리인 양 다 함께 날아오르곤 한다. 서해안 갯벌의 도요새 군무에는 견줄 수도 없는 작은 규모지만 가까이서 바라볼 수 있으니 정겨운 느낌이 있다.

청간정 가까이에서 제비갈매기 한 마리를 만났다. 부리 안쪽과 발이 붉은 갈색을 띠고 있는 걸 보면 아직 어린 새인 듯한데 사냥은 제법 잘하는 것 같다. 쇠제비갈매기처럼 정지비행을 하지 않고 물 가까이 스치듯 날다가 순식간에 물속으로 곤두박는다. 30분 남짓 지켜보는 사이에 작은 물고기 예닐곱 마리를 솜씨 좋게 낚아챘다.

작은멋쟁이나비.
햇볕을 쬐는지 해변의 모래 위에서
꼼짝도 안 한다.

붉은어깨도요.
이미 회색빛의 겨울깃을 하고 있다.

좀도요.
얼굴과 목에 붉은빛의
여름깃이 아직 남아 있다.

제비갈매기.
꽁지깃이 제비처럼 두 갈래로
나뉘어 있다. 다리가 짧다.

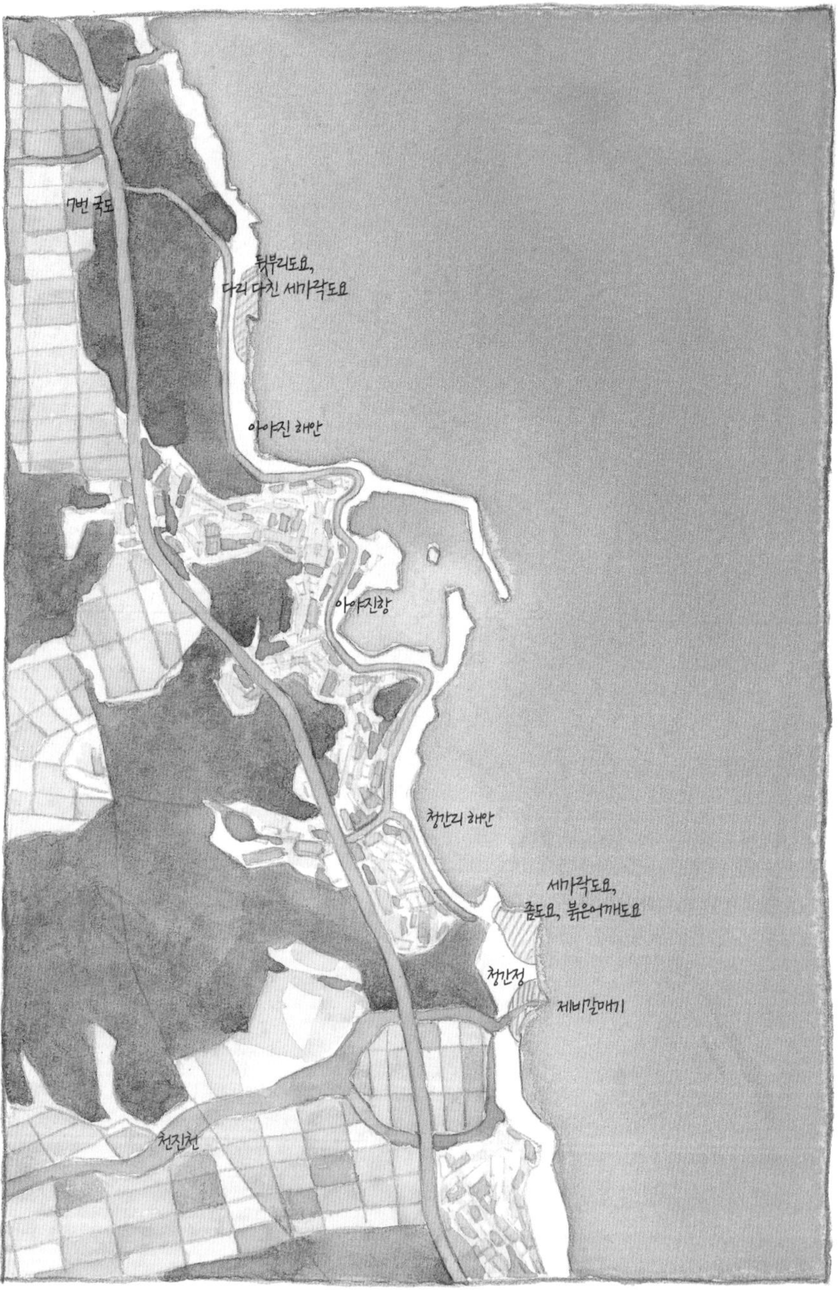
7번 국도
뒷부리도요,
다리 다친 세가락도요
아야진 해안
아야진항
청간리 해안
세가락도요,
좀도요, 붉은어깨도요
청간정
제비갈매기
천진천

뒷부리도요.
길고 위로 휜 부리가 갯벌이 아닌 곳에서는
불편할 듯도 한데
바위에 붙은 해초 사이에서
작은 먹잇감을 잘 찾아 먹고 있다.

세가락도요.
다리가 부러진 듯 꺾여 있는 녀석이
무리에 섞여 있다. 한 발로 총총 뛰며
먹이를 찾고 있다.

갈대숲의 투명 인간처럼

9월 16일

시화호. 맑음

시화호는 평온하다. 가끔 방수제 도로를 오가는 대형 덤프트럭의 굉음이 앞으로 있을 변화를 예고하는 듯하지만 아직은 그런대로 평화로운 풍경이다. 대송단지 안쪽의 저수지는 지난여름보다 수위가 많이 낮아져 있다. 평일인데도 저수지 제방 근처에는 낚시를 하는 사람들이 많이 보인다. 제방 맞은편, 좀더 얕은 물가에는 수많은 백로들이 낚시꾼 못지않게 물고기들을 낚고 있다. 많은 수의 중대백로와 쇠백로 사이로 저어새도 몇 마리 눈에 띈다. 목을 길게 빼고 느긋하게 먹잇감을 기다리는 중대백로와 달리 저어새는 쉴 새 없이 부리를 젓고 다닌다.

방수제 도로를 따라 형도 방향으로 이동하던 중 도로 옆 습지에 내려앉은 도요새들을 발견하고는 급하게 차를 세웠다. 흑꼬리도요들이다. 갈대에 몸을 숨긴다고는 해도 예민한 도요새들이 못 알아챌 리가 없는데 고맙게도 크게 신경쓰지 않고 먹이 활동을 한다. 숨죽이고 지켜보노라니 수초 사이에서 꺅도요가 걸어나왔다. 먹이를 찾다가 깃을 다듬기도 하고 다른 꺅도요와 싸우는 모습도 보여주었다. 아주 드물게 마주치는 호사도요도 만났지만 갈대숲에 숨은 채 끝내 밖으로 나오지는 않았다. 물총새도 가까이 날아와 앉았다. 예민한 새들이 나를 아랑곳 않고 가까이 다가올 때면 마치 투명인간이라도 된 기분이 든다.

형도 근처에서 무리를 이룬 제비들을 만났다. 언뜻 보아도 이백 마리가 넘어 보인다. 전깃줄에 쭉 모여 앉았다가 물웅덩이 위를 낮게 날면서 물을 마시기도 한다. 월동지로 이동 중인 듯하다. 누가 한자리에서 모이자고 했을까? 새삼 신기한 일이다.

시화호 안의 섬 형도.
골재 채취를 하느라 섬의
절반 가까이 깎여나갔다.
폭격을 당한 것같이 보인다.

흑꼬리도요

호사도요 수컷.
다른 도요새들보다 조심성이
많아 보인다.
암컷은 찾지 못했다.

네발나비

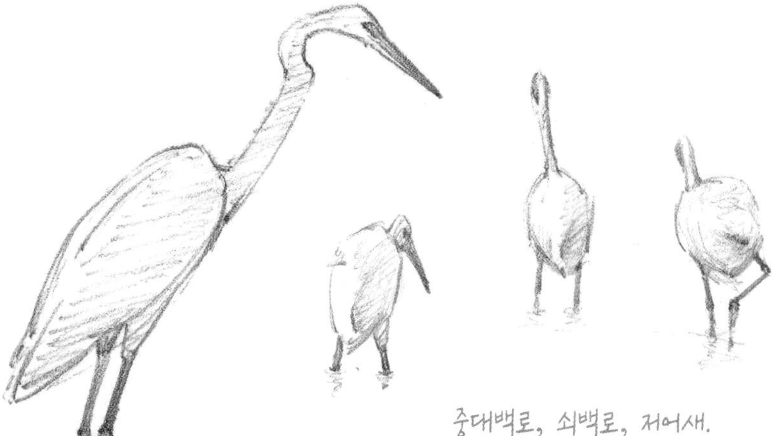

중대백로, 쇠백로, 저어새.
저어새의 넓적한 부리는 구분의 포인트가 되지만
부리가 안 보여도 서 있는 각도나 움직임을 보면
구분할 수 있다. 색깔도 좀더 따뜻한 느낌의 흰색.

깍도요.
서로 싸울 때 화려한
꽁지깃을 부채처럼 넓게 펼쳤다.

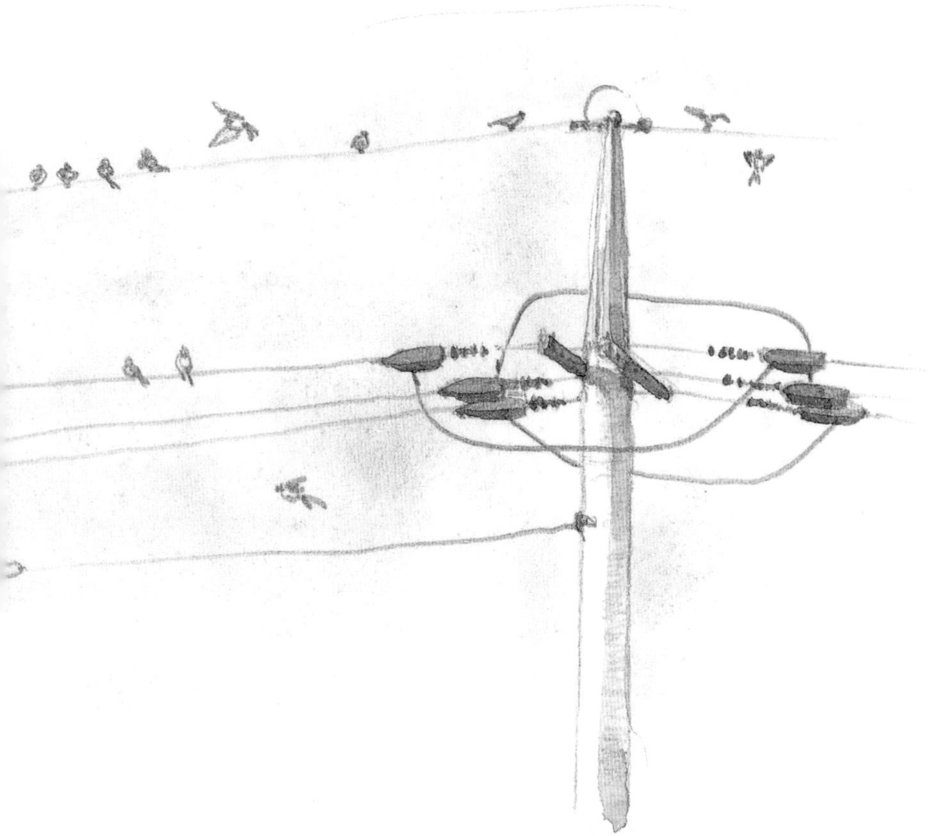

갯벌에는 바람조차 멎었다

9월 27일

천수만과 매향리. 맑음

천수만 농경지를 가을에 찾아온 것은 처음인 것 같다. 주로 추수가 끝난 겨울에 찾아왔었고, 지난봄에는 모내기할 때 온 적이 있다. 들판의 벼는 조금씩 누런빛을 띠기 시작했다. 자연스럽고 당연한 것이지만 내게는 새삼스러운 풍경이다. 바람은 제법 시원해졌지만 햇살은 아직 따갑다. 해미천에 들어가서 낚시하는 사람들의 뒷모습이 마냥 한가하고 여유롭게 보인다.

간월호의 모래톱에는 일찍 도착한 기러기들이 언뜻 보아도 수백 마리는 넘어 보인다. 농로 주변에 앉았다가 인기척에 몸을 숨기는 작은 새들은 긴발톱할미새다. 도착한 새, 잠시 쉬려고 내려앉은 새… 새들이 이동하고 있다. 혹시 알락개구리매도 왔나 싶어 틈틈이 넓은 농경지를 훑어보았지만 해오라기만 여럿 보인다.

평택 기준 만조 시간 16시 33분 (940)

오늘은 물이 아주 많이 들어오는 날이다. 만조 두 시간 전에 맞춰 매향리에 도착했으나 도요새들은 거의 보이지 않는다. 아예 일찍 안전한 곳을 찾아 옮겨간 것 같다. 물때와 바닷물 수위를 보며 관찰 시간을 맞추려면 경험이 많아야겠다는 생각이 든다. 방조제 둑 아래에는 도요새를 기다리고 있는 위장 텐트 두 개가 보인다.

저 사람들은 무엇인가를 보았을까.

큰 무리는 이미 떠올랐지만 갯벌에는 아직 남아 있는 도요새 종류가 많아서 소소하게 관찰하는 재미가 있다. 몇만 마리나 되는 큰 무리를 일일이 훑어보자면 얼마나 눈도 아프고 헷갈렸을까 하며 아쉬운 마음을 달래본다.

물이 가득 차오르자 그나마 남은 도요새들마저 떠오른다. 갯벌에는 바람조차 멎었다. 그리고 새소리도, 파도소리도 들리지 않는 적막에 휩싸인다. 이런 순간이 있어서 새를 보러 다니지 싶다.

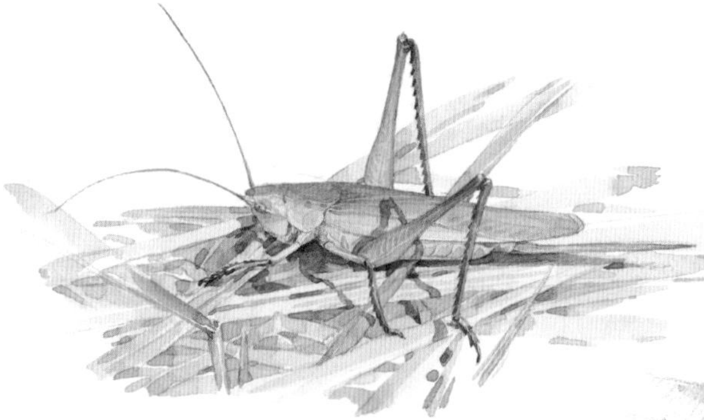

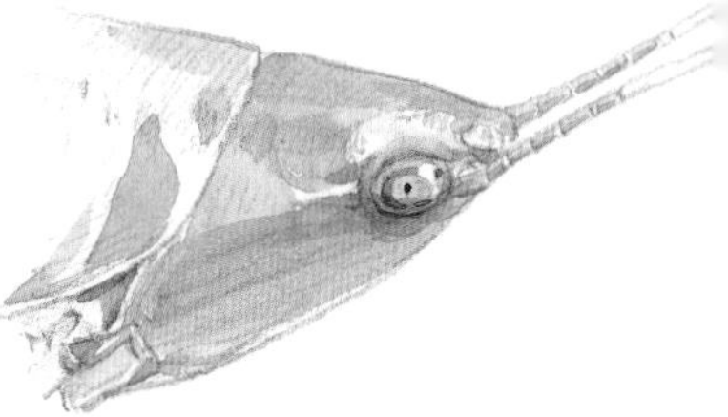

여치의 한 종류로 보이는데
정확한 이름을 알아내지 못했다.
온몸이 연두색이고 산란관이 길다.

청다리도요.
역광이라 얼핏 장다리물떼새로 착각했다.
긴 다리로 성큼성큼 걷고 있다.

갈대밭 사이에 숨어 있는
꺅도요 두 마리.

개꿩.
눈이 크다. 얼굴과 몸 아랫면의
검은 깃이 보이지 않는다.
어린 새이거나 겨울깃인 것 같다.
오늘 본 도요새와 물떼새 중에서
개체 수가 가장 많았다.

좀도요.
물이 고인 갯골에
수십 마리가 모여 있었다.
꼬마물떼새 정도의 크기.

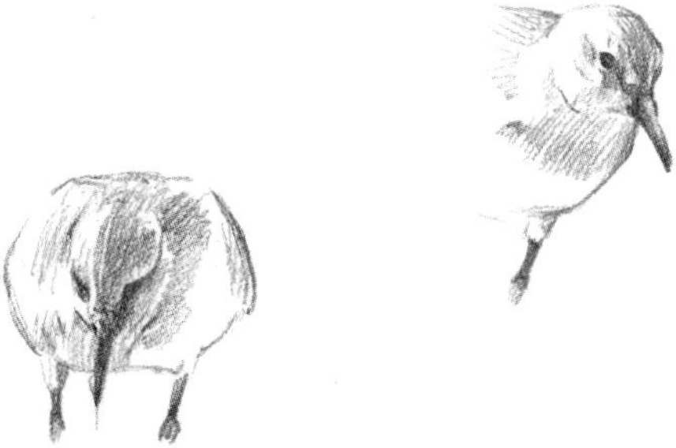

푸른 하늘의 비둘기조롱이

10월 17일

경기도 파주 공릉천. 맑음

구름 한 점 없는 하늘빛은 더없이 짙푸르고 그 아래 들판은 샛노랗게 익어가고 있다. 이제 막 추수를 시작한 모양이다. 벼 베기를 마친 논 위에는 비닐로 꽁꽁 여민 볏짚 덩어리들이 띄엄띄엄 놓여 있다.

둑길을 따라 이동하다가 농로에 들어서자 전깃줄 위에 비둘기조롱이가 보였다. 자세히 보니 어린 암컷 세 마리다. 한창 이동할 때는 수십 마리까지도 볼 수 있다는데 지금은 때가 아닌가보다. 이름처럼 비둘기를 닮았다는 수컷이 없어서 아쉬웠지만 어린 암컷이나마 볼 수 있었던 것을 행운으로 삼기로 했다. 비둘기조롱이들은 주로 전깃줄 위에서 쉬다가 논 위를 낮게 날며 먹이를 찾는다. 황조롱이처럼 정지비행도 제법 잘한다. 오늘은 고맙게도 바닥에 빠르게 내려앉으며 먹이를 잡는 모습을 보여주었다. 그렇지만 넓은 농경지를 사냥터로 삼는지라 사냥하는 장면을 가까이서 보기는 어려웠다. 하늘에 잠자리가 없는 걸 보면 벼메뚜기나 땅강아지를 잡았지 싶다.

공릉천 물가에는 별다른 새들이 보이지 않는다. 배수장 안의 펄에서 중대백로, 쇠백로, 꺅도요, 쇠오리들이 보일 뿐이다. 배수장 위로는 제비 수십 마리가 자유분방하게 날고 있고, 가끔 한강 하구 방향으로 무리를 지어 날아가는 큰기러기와 쇠기러기도 보인다. 적막하고 평화로운 공릉천에 그들의 날갯짓 소리가 새삼 크게 울린다.

벼메뚜기.
아래에 있는 것이 암컷이다.
암수의 크기 차이가 많이 난다.

쇠오리

비둘기조롱이 어린 새.
넓은 공간을 다니며 사냥을 하다가
매번 같은 위치의 전깃줄로 돌아와 앉았다.

혼자만의 소풍

10월 27일

서울숲. 맑음

소풍 가기 좋은 화창한 가을날이다. 옷을 똑같이 맞춰 입은 유치원생들뿐 아니라 야외용 앰프를 설치하고 행사를 벌이는 어른들도 많다. 시끄럽고 번잡하다 싶어 마음이 쓰였지만 다행히 새들은 크게 신경을 쓰지 않는 것 같았다.

조그만 도랑 옆 바위에 걸터앉아 직박구리의 목욕 장면을 지켜보는데 느닷없이 밀화부리들이 날아들었다. 튤립나무 열매를 열심히 꺼내 먹고는 도랑에 내려와 물을 마신다. 어림잡아도 삼사십 마리는 되는 것 같았다. 한동안 그렇게 나무와 물가를 번갈아 오가며 시간을 보내고는 다시 후드득 날아간다. 서울숲은 넓으니까 어딘가 좋은 식사 자리가 또 있을 것이다.

밀화부리가 떠나고 나서 나도 혼자만의 소풍을 시작했다. 연못의 잉어를 구경하고, 잉어를 구경하는 아이들을 구경하고, 잠자리를 잡아먹는 고양이를 구경했다. 서울숲은 소풍 가기 참 좋은 곳이다.

수컷은
얼굴 전체가 검다.

밀화부리

깃을 고르고 있을 때 올려다보니
가슴 깃털 속으로
검은 부분이 드문드문 보인다.
속의 깃털은 검은색일까?

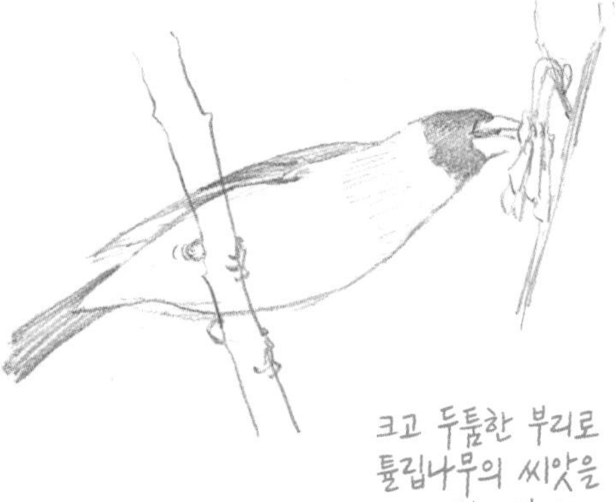

크고 두툼한 부리로
튤립나무의 씨앗을
빼 먹고 있다.

여섯 종류의
맹금류

11월 9일

시화호. 맑음

겨울이 다가오는 시화호에 맹금류들이 속속 찾아오고 있다. 우음도 주변에서만 모두 여섯 종류의 맹금류를 만났다. 말똥가리는 높은 전봇대 위에 앉아 들판을 내려다보고 있었다. 잿빛개구리매는 띠풀밭 위를 빙빙 날더니 순식간에 아래로 곤두박질치며 사냥을 시도한다. 한자리에 떠 있는 채로 아래를 노려보며 정지비행을 하던 황조롱이는 내 시선을 의식했는지 빙글빙글 멀어지면서도 눈길은 계속 아래를 지켜보고 있다. 말뚝에 앉아 쉬다가 사냥터로 향하던 물수리는 호수 위에서 매의 공격을 받고 혼쭐이 났다. 매 한 마리가 다른 매에게 달려들었지만 공격을 한 것인지 장난을 친 것인지는 모르겠다.

갈대숲 저편에서는 귀를 쫑긋 세운 고라니가 인기척에 놀라 도망친다. 어느새 높아진 하늘과 투명한 햇살 아래, 고즈넉한 늦가을의 넓은 들판 위로 마른 풀을 흔들며 차가운 바람이 불어온다.

말똥가리는 개체마다
깃털 색과 무늬의 차이가 크다.

첫째날개깃 안쪽이 거의 하얗게 보여서
큰말똥가리인 줄 알았다.

황조롱이가 정지비행을 하고
있을 때는 자세히
관찰하기 좋다.

물수리가 즐겨 앉는
말뚝으로 보이기에
오랫동안 지켜보았지만
먹잇감을 들고
다시 날아오지는
않았다.
매가 나타나 물수리를 공격했다.
먹잇감이 겹치지 않을 텐데
왜 경계를 하는 것일까.
또다른 매 두 마리가
공중전을 펼쳤다.
두 마리 다 어린 새였다.
가까운 숲에서 나온 새매 한 마리가
내 머리 위를 지나 멀어졌다.
매들이 나타나서 자리를 피하는 것일까?

하얀 낮달 아래
큰기러기들이 날았다

12월 6일

시화호. 맑음

시화호는 완연한 겨울이다. 저수지 안쪽에는 겨울에만 보이는 알락오리나 흑부리오리, 큰고니 등이 평화롭게 떠다닌다. 낚시꾼들 가까이에는 붉은부리갈매기가 물속으로 다이빙을 하며 먹잇감을 찾고 있다. 언덕 위 높은 나뭇가지에 앉은 말똥가리나 낮게 활공을 하는 잿빛개구리매, 항상 자리를 지키고 있는 황조롱이 등. 무엇 하나 새로울 것 없지만 언제나 정겨운 겨울 풍경이다.

형도로 가는 길에 열댓 명은 넘어 보이는 사진가들이 장비를 펼쳐놓고 한곳에 모여 있었다. 얼마 전부터 소문이 났던 흰죽지수리를 촬영하기 위해 모인 사람들 같다. 녀석이 항상 같은 자리에 날아든다고 하니 다들 한자리에서 기다리는 모양이다. 매년 찾아오는 철새들은 항상 같은 지역을 찾아올 뿐만 아니라, 심지어 어떤 개체는 같은 나뭇가지에만 앉더라는 글을 읽었던 적이 있다. 나도 속으로 궁금하기는 했지만 그냥 지나쳤다. 운이 좋다면 어딘가에서 마주칠 수도 있겠지.

대부도 방향으로 가던 중 잿빛개구리매 암컷의 사냥 장면을 아주 가까이서 보게 되었다. 비록 사냥은 실패했지만 그의 비행은 아름다웠다. 아래를 노려보다가 순식간에 수풀 사이의 먹잇감을 향해 온몸을 던지는 모습은 오래도록 기억에 남을 것 같다.

해질 무렵 짙고 푸른 하늘에 일찍 달이 떠올랐다. 하얀 낮달을 배경으로 큰기러기 한 무리가 바삐 날갯짓을 한다.

터미섬. 방조제가 생기기 전에는 섬이었던 곳. 수리부엉이가 있을 것 같다.

고라니

붉은부리갈매기의 사냥.
쇠제비갈매기만큼은 아니지만
제법 날쌔다. 바람을 타고 짧게 정지비행을
하다가 물로 곤두박질친다.

말똥가리.
이 무렵 시화호에서
가장 흔한 맹금류.

잿빛개구리매 암컷.
천천히 내가 있는 갈대밭으로
다가왔다. 비행 중에도 고개를
이리저리 돌리며
신중하게 먹잇감을 찾는다.
이렇게 가까이에서 관찰한 것은
처음이다. 운이 좋았다.

갈매기

12월 10일

아야진. 맑음

엊그제 동해안에 눈이 많이 내린 모양이다. 도로 위의 눈은 일찌감치 치워졌지만 해안을 덮은 새하얀 눈은 그대로다. 사람 발자국 하나도 남기지 않은 채로 눈부신 햇살을 반사하고 있다. 인적 없는 해안은 새들의 편안한 휴식 공간이다. 양지바른 해안의 평평한 바위 위에는 수십 마리의 재갈매기들이 쉬고 있다.

세가락도요들은 파도를 피해가며 바위틈에 붙은 먹이를 찾아 바쁘게 종종거린다. 아야진 항구 안쪽의 커다란 바위 위에도 갈매기 무리가 쉬고 있지만 세가락갈매기는 두 마리밖에 찾지 못했다. 그 대신 흑기러기 다섯 마리를 찾았다. 내겐 첫 만남이라 더욱 반갑고 설레었다. 흑기러기들은 수면 아래 바위에 붙은 해조류 따위를 열심히 뜯어 먹고 있다. 재갈매기들은 먹이가 겹치지 않아서인지 무심하게 바라보기만 할 뿐 아무런 경계도 하지 않는다.

청간리 해안의 횟집에서는 다듬고 남은 생선 찌꺼기를 모래밭에 버리고 있다. 그 덕에 공짜 먹이가 생긴 재갈매기들은 신이 났다. 그 틈에 섞여 있던 흰갈매기 한 마리가 큼지막한 생선 머리를 차지했다. 재갈매기보다 덩치가 크고 드세 보인다 했더니 어김없이 좋은 먹이를 차지한 것이다.

겨우내 아야진을 찾아올 여러 종류의 갈매기들이 기다려진다. 갈매기 도감도 한 권 사야겠다.

겨울철의 세가락도요는 여름깃보다
더 산뜻하고 밝다. 단아한 느낌.

흑기러기.
물속에 고개를 깊숙이 넣고
해조류를 건져올렸다.

목의 흰 띠가 선명하다. 부리는 다른 기러기들에 비해 짧고
몸집은 재갈매기와 비슷한 크기.

세가락갈매기

흰갈매기 2년생 겨울깃.
멀리서 보면 온몸이 하얗게 보인다.
흐린 갈색 무늬가 살짝 있다.

흰갈매기 성조 겨울깃.
부리는 밝은 노란색.
날개 윗면은 재갈매기보다
밝은 회색이다.

짙은 안개에 몸을 감추고서

12월 30일

팔당. 안개 꼈다가 맑아짐

공원 주차장에 차를 세운 뒤 장비를 짊어지고 강가로 내려갔다. 오늘은 짐이 조금 많다. 위장 텐트와 간이 의자, 망원렌즈와 카메라, 삼각대와 망원경 그리고 보온병. 자주 한곳에서 오래 기다리며 새를 보는 편은 아니지만, 수리의 사냥 장면은 이렇게 잠복하지 않고는 보기 어렵다. 해 뜨기 전에 자리를 잡는 것이 좋았겠지만 조금 늦었다. 그래도 짙은 안개가 내 모습을 어느 정도 가려주겠거니 하며 스스로를 안심시켰다.

강가에 내려서자 위에서는 안 보이던 참수리의 모습이 보였다. 멀지 않은 강 한가운데의 작은 바위에 앉아 있었던 것이다. 텐트를 칠 것도 없이 몸을 최대한 낮추고 카메라를 꺼냈다. 참수리는 언제부터 앉아 있었을까. 내 모습을 못 보았을 리는 없는데 다행히 크게 경계하지 않는 듯 가만히 앉아 있다. 안개 덕분이다. 하지만 언제 날아오를지, 또 사냥을 시도할지는 모르는 일이다. 발이 시리고 피도 안 통할 지경이지만 별수없이 가만히 기다렸다. 가까운 물가를 지나던 큰고니가 나를 발견하고 흠칫하며 서둘러 멀어진다.

얼마나 지났을까. 어디서 나타났는지 흰꼬리수리가 하류 방향으로 날아간다. 팔당대교를 넘어 미사리 방향으로 가는가 싶더니 몇 번 허공을 맴돌다 참수리에게 가까이 날아갔다.

자기들끼리 무슨 정보를 주고받았는지 둘이 다 검단산 방향으로 사라졌다. 그때야 몸을 일으켜 피가 통하도록 팔다리를 주물렀다.

그런데 그게 마지막이었다. 위장 텐트를 설치하고 난 뒤로는 흰꼬리수리 한 마리가 멀찌감치 지나갔을 뿐이다. 고작 재갈매기가 물고기 사냥하는 모습을 본 게 전부였고, 큰고니나 흰뺨오리마저 가까이 오지 않았다. 위장을 어설프게 하면 추위에 고생만 할 뿐이다.

흰꼬리수리 어린 새.
꽁지깃이 아직 얼룩덜룩하다.

참수리

비오리

흰뺨오리

수리의 사냥 모습을 기대했지만
깜깜무소식이고, 오히려 눈앞에서
날아다니던 재갈매기가
솜씨 좋게 물고기 한 마리를 낚아챘다.

3장

나만의 세상

2012년
1월 ~ 5월

텐트 속은 오롯이 나만의 세상이다. 카메라나 망원경을 얹어둘
삼각대를 세워놓고 조그마한 낚시 의자에 쪼그려 앉으면
꽉 차버리는 좁은 공간이지만 마음은 편안해진다.
텐트의 앞쪽 지퍼만 살짝 내리고 밖을 바라보고 있으면
갯벌과 새, 그리고 나만 존재하는 느낌이랄까. 눈은 바깥에 둔 채로
머릿속은 상상과 현실을 넘나들며 자유로워진다.

눈밭에서
눈이 마주치다

1월 1일
고성. 맑음

처가에서 설날 차례를 지내고 아내와 함께 근처 바다로 나섰다. 어린 시절에 갈매기를 참새 보듯 흔하게 보던 아내는 고향의 바닷가에 이렇게 다양한 종류의 갈매기들이 있다는 사실을 전혀 몰랐다고 했다. 살던 동네에서 참새 정도만 보던 나도 훗날 동해안의 북쪽 바닷가에 이렇게 자주 새들을 찾으러 다니게 될 줄은 몰랐다.

해맞이를 하던 그 많은 사람들은 해가 높이 떠오르자마자 일찌감치 빠져나간 모양이다. 해변은 다시 고요함을 되찾았다. 대진항 근처의 바위 위에 쇠가마우지들이 모여 햇볕을 쬐고 있었다. 겨우내 흔하게 보이는 녀석들은 봄이 오면 자취를 감출 것이다. 아마 북쪽 어디론가 날아가겠지. 어쩌면 가까운 금강산 부근의 바위섬에서 집단으로 번식을 할런지도 모르겠다. 이번 겨울이 유난히 추운 건지 파도가 두껍게 얼어붙은 바위도 심심찮게 눈에 띈다. 바닷물이 굉장히 찰 것 같은데도 물결에 몸을 맡기고 편안하게 떠 있는 물새들이 새삼 신통하게 보인다.

아야진의 풍경은 여전하다. 잰걸음을 치는 세가락도요들 뒤로 수많은 갈매기들과 홍머리오리가 있다. 그리고 몇 주 전에도 보았던 흑기러기 한 마리가 아직 눈에 띈다. 다친 것 같아 보이지는 않는데… 이곳 아야진이 마음에 들어서 떠나지 않기로 한 걸까.

북천을 들렀다. 언젠가 청둥오리 무리를 향해 쏜살같이 날아들던 매를 보았던 곳이다. 오늘따라 오리들은 없고 강물만 잔잔히 흐른다. 날씨도 점점 흐려지고 추워서 그만 집으로 들어갈까 하는데 강둑 아래에서 삵을 발견했다. 삵은 갈대밭 사이의 하얀 눈밭 위에 온몸을 드러낸 채 털을 구석구석 핥고 있었다. 그러다가 우리 두 사람과 눈이 마주쳤지만 놀라거나 두려워하는 기색이 없었다. 삵과 우리는 한참 동안을 말없이 서로 바라보았다. 과장을 좀 보태자면 사람을 두려워하지 않는 맹수의 위용이 느껴졌다. 10분 남짓 지났을까, 삵은 귀찮다는 듯이 일어나 갈대숲으로 들어가더니 사라져버렸다. 새해 첫날 삵을 만났으니 올 한 해 운수가 좋을 것 같은 예감이 든다.

거진 앞바다에 백 마리가 넘는
검둥오리들이 있었다.
부리 기부의 귤색이
멀리서도 눈에 띈다.

대진항에서 만난 말똥가리.
까치 몇 마리가 쫓아내려고 덤볐지만
조금 귀찮아할 뿐 꿋꿋하게 자리를 지켰다.

쇠가마우지.
햇빛을 받아 녹색과
보라색 광택이 강렬하다.
이들이 앉아 있는 바위는
똥으로 범벅이었다.

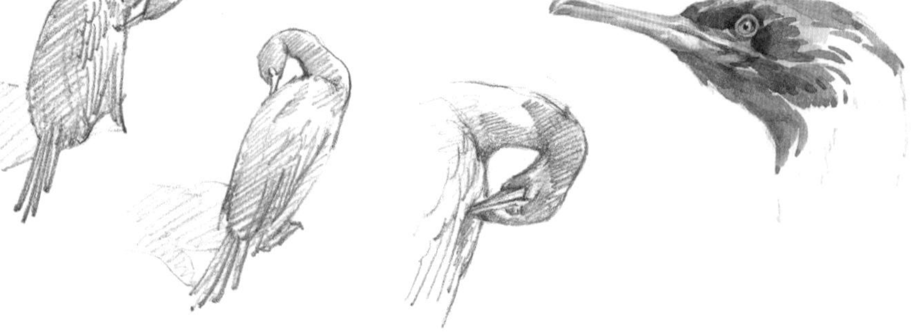

흑기러기.
일행 없이 홀로 있다.

삵.
귀 뒷면의 흰색과 이마의
세로 줄무늬를 확인했다.

꼬리가 두툼하고
폭신해 보인다.

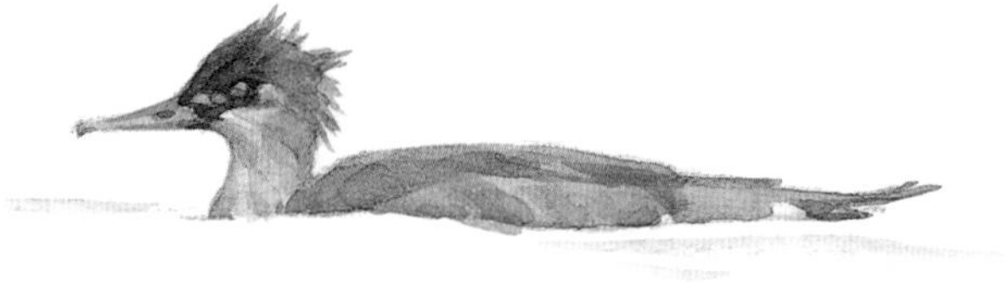

바다비오리 암컷

흰뺨오리

바다비오리 수컷

두번째 잠복

1월 6일

팔당. 맑음

한강 변에서 두번째 잠복을 하는 날이다. 팔당대교 아래 자갈섬에 흰꼬리수리와 참수리가 한 마리씩 있는 것을 확인하고 잠복할 장소로 이동했다. 오늘은 며칠 전 잠복했던 자리 맞은편에 위장 텐트를 쳤다. 텐트 앞의 강폭은 어림잡아 350미터쯤. 1월초라지만 바람도 없고 햇살이 포근하다. 강변으로 내려올 때 뒤편 검단산 숲 위로 날아오르는 흰꼬리수리가 보였는데 지금쯤 산 위의 나무에서 나를 지켜볼지도 모를 일이다.

댐에서 방류를 한 것인지 며칠 전보다 강 가운데의 바위들이 많이 잠겨 있다. 바위 주변으로 큰고니가 스무 마리쯤 쉬고 있고 건너편에는 흰죽지와 댕기흰죽지들이 보인다. 때까치 한 마리가 텐트 가까운 나뭇가지에 앉았다가 내 인기척에 놀라서 금세 날아간다. 코앞까지 다가온 논병아리가 제법 긴 시간 동안 여러 차례 자맥질을 하더니 물고기 한 마리를 잡아올렸다. 하지만 내 존재를 눈치채고는 깜짝 놀라 푸다닥 뛰어서 멀어졌다.

네 시간 가까이 앉아 있자니 발이 시리고 답답했다. '4대강 살리기'를 한다면서 닦아놓은 자전거 도로에서 많은 사람들이 추운 줄 모르고 페달을 밟는다. 작년만 해도 볼 수 없었던 풍경이다. 그 아래 강가에는 사진가 한 명이 내려와 사진을 찍고 있다. 이곳도 접근이 수월해지는 바람에 사람이 많아져서 수리의 사냥을 볼 기회는 줄어들 것 같다.

오랜 기다림 끝에 참수리 한 마리가 모습을 보였지만 곧바로 상류 방향으로 날아갔다. 참수리가 날아간 뒤 팔당대교 방향을 바라보니 세 마리가 더 보인다. 항상 두 마리 정도만 볼 수 있었는데 네 마리나 만난 것이다. 올해는 참수리 풍년이다. 텐트 밖으로 나오니 반대편 상류 쪽에서 흰꼬리수리가 방금 잡은 물고기를 움켜쥐고 공중을 빙빙 돌다가 검단산 쪽으로 올라가는 것이 보였다. 어쩌면 흰꼬리수리는 나를 보고 사냥할 자리를 바꿨는지도 모른다. 조금 더 다가가 보려고 텐트를 걷었다.

팔당댐 근처 강변으로 갔더니 방금 날아온 흰꼬리수리가 잡아온 커다란 물고기를 뜯고 있다. 그것을 보고 멀찌감치 앉아 있던 다른 흰꼬리수리 한 마리가 가까이 날아왔다. 녀석은 곁에서 가만히 기다리기만 하더니, 물고기를 뜯던 녀석이 거의 다 먹고 옆으로 물러나자 그제야 다가가 나머지를 주워 먹는다. 어쩌면 경쟁 관계가 아니라 커플인지도 모른다. 팔당댐부터 당정섬까지 살고 있는 수리 종류는 참수리 네 마리, 흰꼬리수리 세 마리와 어린 새 두 마리인 것 같다. 내가 본 것만 세었으니 더 많을 수는 있겠다. 언제쯤 수리들의 사냥 장면을 볼 수 있을까.

논병아리

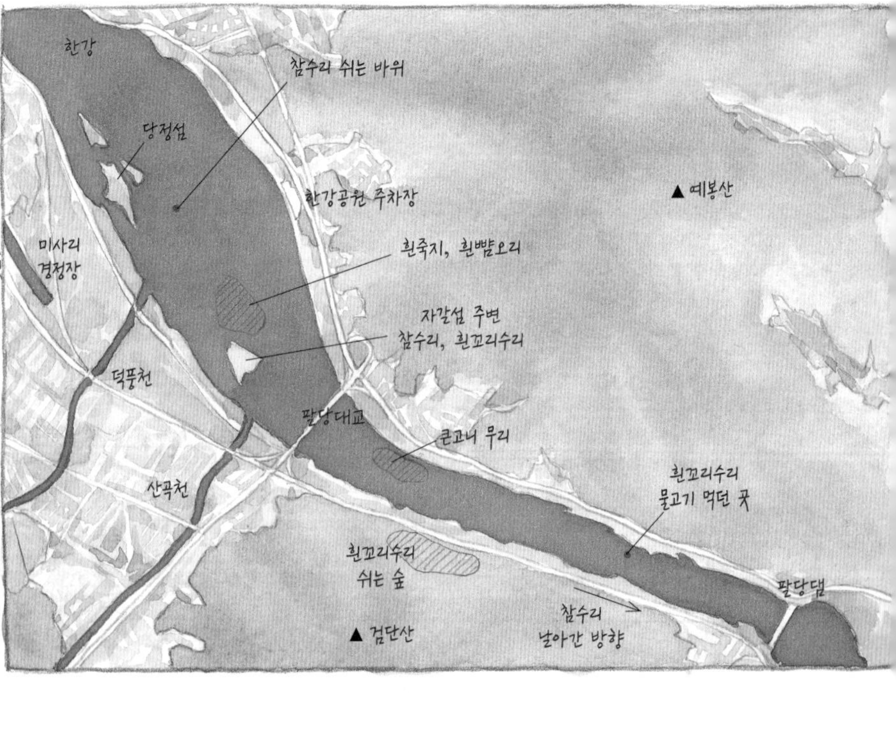

한강
참수리 쉬는 바위
당정섬
한강공원 주차장
▲ 예봉산
미사리
경정장
흰죽지, 흰뺨오리
자갈섬 주변
참수리, 흰꼬리수리
덕풍천
팔당대교
큰고니 무리
산곡천
흰꼬리수리
물고기 먹던 곳
흰꼬리수리
쉬는 숲
팔당댐
참수리
날아간 방향
▲ 검단산

아래를 살피며
날고 있는 참수리.

흰꼬리수리.
참수리보다 부리가 더 날카롭고
강인해 보인다.

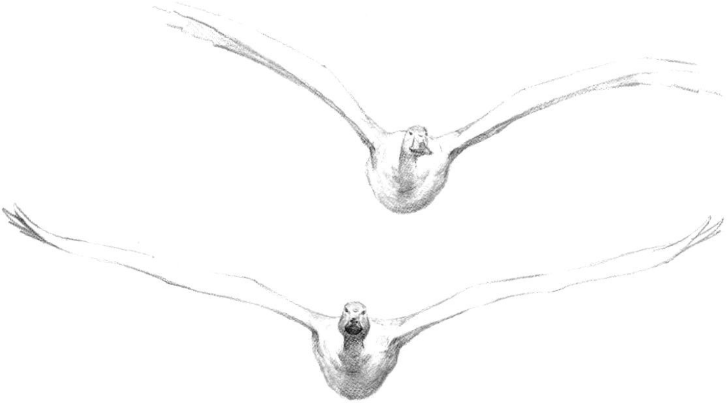

내 쪽으로 날아오는 큰고니.
얼굴 정면이 재미있다.

한겨울 강가를 서성이는 사람

1월 24일

팔당. 맑음

오늘은 위장 텐트에 들어가지 않았다. 그사이 여러 번 시도했으나 별 성과가 없었기에 내키지 않는다. 텐트 안에 들어가 있을 때는 시야도 좁아지고 주변의 전체적인 상황을 알 수 없으니 답답하다. 게다가 강은 넓고 사냥터는 많을 테니 내 앞에 와서 사냥하리라는 보장도 없는 것이다.

항상 앉던 자리에 참수리와 흰꼬리수리들이 보인다. 천천히 팔당댐 위쪽의 상류로 거슬러올라가 보았다. 팔당호 주변에는 넓은 얼음판이 펼쳐져 있다. 햇살이 내리쬐는 한낮이지만 얼음판 위로 바람이 불면 귀와 코가 떨어져나갈 것만 같다. '시베리아 북풍한설'이라는 말이 떠오른다. 경안천도 거의 얼음으로 뒤덮여 있다. 얼음판 위에 웅크리고 있는 큰고니들이 무척 추워 보인다.

다시 팔당대교로 내려오는 길에 흰꼬리수리 두 마리가 보인다. 한참을 같이 활공*하다가 건너편 검단산 중턱의 나뭇가지에 내려앉았다. 산속의 지정석인 것 같은데 완전한 역광이라 내 시야에서는 사라져버렸다. 나무 사이에 편안하게 몸을 숨긴 채 사냥감을 기다리거나 쉴 것이다. 밤에는 그 자리에서 잠을 자는지도 모른다. 강변에서 어설프게 몸을 숨기려는 내 모습도 다 지켜보고 있었겠지. 허탈하고 민망하다.

---

*滑空. 새가 날개를 움직이지 않고 나는 것.

이마 부분은 색이 옅다.

홍머리오리 암컷.
얼굴은 약간 탁한 갈색.
눈 주변이 어둡게 보인다.

홍머리오리 수컷.
얼굴 전체는 붉은 갈색.
눈 주변에 녹색의 광택이 보인다.

흰뺨검둥오리.
몸 전체가 짙은 밤색에 가깝다.
둘째날개깃의 남색 광택이 아름답다.

참수리 두 마리의 지정석.
날개덮깃의 흰색 덕분에 멀리서도
쉽게 찾을 수 있었다.

얼음판 위의 큰고니.
부리를 몸속에 파묻고 둥그렇게
움츠리고 있다. 추워 보인다.

창경궁
산책

2월 10일

서울 창경궁. 눈 온 뒤 갬

출판사에 볼 일이 있어 나왔다가 잠시 창경궁 산책을 했다. 원앙을 가장 가깝게 볼 수 있는 곳을 꼽으라면 자신 있게 창경궁이라고 얘기할 수 있겠다. 5월이 되면 어미를 쫓아다니는 새끼 원앙들의 귀여운 모습도 볼 수 있다.

원앙의 예쁜 모습을 기대하며 찾아간 춘당지는 대부분 얼어 있고, 지름이 1~2미터쯤 되는 동그란 구멍으로만 물이 드러났다. 다행히 그 근처에 원앙 몇 마리가 쉬고 있었다. 짝을 지은 듯 암수가 나란히 같이 있는 모습이 보기 좋다. 겨울이면 그렇게 많이 보이던 원앙들이 다 어디로 가는지 궁금해진다. 주변 어딘가에 얼지 않은 물이 있는 것일까.

조금씩 하늘이 짙어지더니 진눈깨비가 쏟아졌다. 가방이 젖을까 싶어 마침 가까이에 있던 온실에 들어갔다. 잠시 신기하게 생긴 석부작과 난초를 구경하고 있었더니 하늘이 거짓말처럼 파랗게 개었다. 맑은 하늘로 까치 한 마리가 나뭇가지를 물고 날아간다. 겨울이 끝나간다.

곤줄박이. 단단한 씨앗을 두 발로 붙잡고
부리로 두드리고 있다. 소리만 듣고는 딱따구리가
나무를 두드리는 줄 알았다.

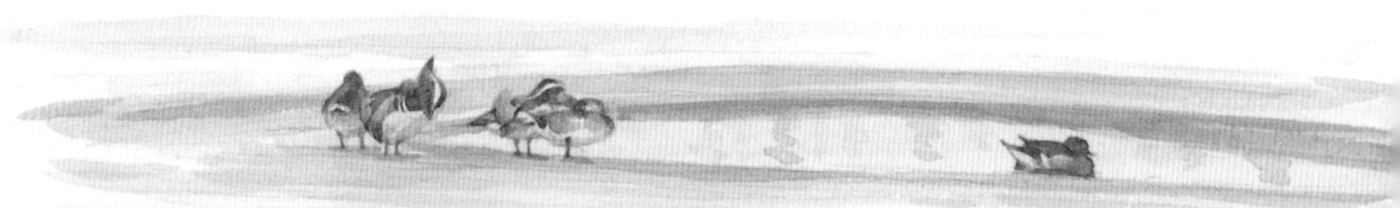

붉은머리오목눈이.
부리 끝이 제법 날카롭고
야무지게 보인다.

갈매기
도감

2월 28일

아야진. 맑음

얼마 전 영국의 인터넷 서점에서 주문한 갈매기 도감이 도착했다. 사진과 그림과 글이 가득한 두꺼운 도감이다. 영문 독해의 어려움을 사진과 그림이 보완해주어 꽤 볼만했다. 특히 특징을 잘 표현한 갈매기 그림을 보며 고개를 끄덕이기를 여러 번. 이제 실전에 나갈 일만 남았다.

아야진 횟집 앞에는 여전히 많은 갈매기들이 쉬고 있었다. 쌍안경으로 한 마리씩 확인해나갔다. 등과 다리, 눈테의 색깔 차이와 부리의 모양, 날개의 길이 같은 구분해야 할 포인트가 많다. 좀 멀리 있는 녀석은 사진을 찍어 확대하여 비교해보았다. 대부분은 재갈매기였다. 의욕적으로 시작했으나 마릿수가 많아질수록 점점 힘들어졌다. 예사롭게 바라보면 다 비슷하게 생겼으니 쉬운 일이 아니다. 탐조가들끼리도 갈매기 구분이 가장 어렵다고들 하니 당연한 일이다.

예를 들어, 재갈매기처럼 생겼으나 재갈매기가 아닌 다른 종이라고 확신하기 위해서는 여러 조건이 필요하다. 다리가 노란색이면서 재갈매기보다 등판이 어두운 색이면 '줄무늬노랑발갈매기'일 텐데, 꼭 그렇다고 말하기는 어렵다. 또 날개 끝이 희다면 분명히 '흰갈매기'일 텐데, 크기가 조금 작고 날개가 좀더 긴 녀석도 있었다. 그저 개체 변이인 것과 다른 종으로 나눌 만큼 큰 차이 사이에는 다양한 단계가 존재했다. 심지어 다 자란 새가 아닌 한두 살 먹은 어린 새의 깃이라면 더 헷갈린다. 역시 실전은 어려웠다. 언젠가는 재갈매기 틈에서 아직 이름을 붙여주지 못한 새로운 녀석들을 찾아낼 수 있겠지.

세 종류가 한자리에 같이 있었다.
등판 회색의 진하기 정도가 각각 다르다.
큰재갈매기의 색이 가장 진하다.

큰재갈매기.
몸집이 가장 커 보였다.
도감 상의 몸길이도
가장 크다.

줄무늬노랑발갈매기 추정.
재갈매기보다 등판의 색이 좀더 짙다.
다리 색은 탁한 노란색에 가까워 보인다.

재갈매기

좀더 확실해 보이는
줄무늬노랑발갈매기.
등판의 색이 더 짙고
부리와 다리에 노란빛이 강하다.

재갈매기. 눈동자와 눈테의 색깔,
머리와 목의 줄무늬 모양을 보면
각각 개성이 있다.

흰갈매기.
부리가 크고 두껍다.
머리도 조금 더 각진 느낌.
눈테의 색깔은
옅은 노란빛에 가깝다.

머리 외형이
비교적 둥근 느낌.

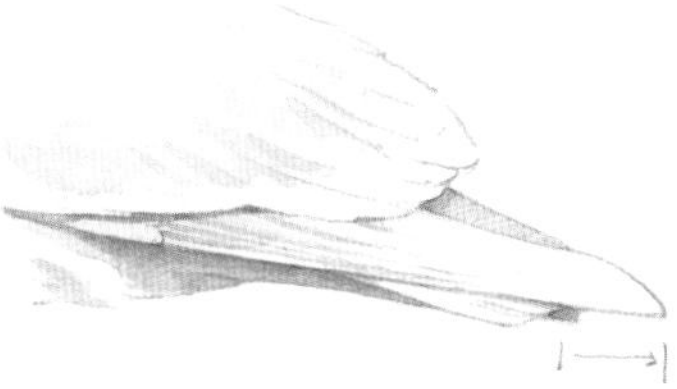

흰갈매기의 날개 끝.
꽁지깃보다 조금만
길게 나와 있다.

흰갈매기보다 몸집이 작은 개체.
크기는 주변의 재갈매기와 비슷해 보였고
부리와 얼굴도 흰갈매기보다는
좀더 부드러운 느낌이다.

수리갈매기
1년생으로 추정.
날개 끝의 색깔이
등판과 비슷한 정도의
갈색이다.

재갈매기 1년생.
날개 끝이 아주 어둡다.

모래밭에 서 있는
크고 검은 형체

2월 29일

경북 영주 내성천. 맑음

내성천에 먹황새가 왔다고 하던데, 찾아가면 만날 수 있을까? 그 넓은 곳에서 어떻게 찾을지 엄두가 안 나서 망설이기만 하다가 겨울을 다 보내고 말았다. 그러다 문득 '먹황새 대신 내성천을 보러 가면 되지' 하는 단순한 결론을 내리고 영주로 향했다. 운이 좋으면 먹황새를 만날 수도 있을 테니 말이다.

새벽길을 달려서 아침나절에 내성천 상류 지역에 도착했다. 유난히 파란 하늘 아래 서리가 내린 들판, 코끝이 시큰해지는 차가운 공기가 상쾌하다. 말똥가리와 멧새, 쑥새 등이 보이는 강변은 평화롭기 그지없다. 그러나 하류 방향으로 조금 내려가니 공사 차량들이 오가며 굉음을 토해낸다. 댐 공사를 하느라 잔뜩 파낸 모래들은 강변에 쌓여 산을 이루고 있다. 도로와 철길을 옮기기 위한 높은 다리와 터널 공사로 주변은 아수라장이 되고 말았다. 가슴이 먹먹해졌다. 조금 더 달려 무섬마을에 도착하여 넓게 펼쳐진 모래밭과 잔잔한 강물을 보고서야 놀란 마음을 달랠 수 있었다.

흰목물떼새와 댕기물떼새가 물가에서 먹이를 찾는 중이고 하늘에는 말똥가리가 크게 원을 그리며 활공을 하고 있다. 하류로 내려갈수록 강폭과 모래밭은 더 넓어진다. 홀로 서 있는 왜가리를 얼핏 보고 먹황새인가 하여 깜짝 놀랐을 뿐 별다른 새들은 보이지 않는다. 언제 사라질지 모를 평화로운 풍경을 사진에 담으며 무작정 강을 따라 내려갔다.

얼마나 내려왔을까. 멀찌감치 모래밭에 서 있는 크고 검은 형체. 먹황새다! 정말 내성천에 와 있었구나. 한 다리로 선 채로 편안하게 쉬고 있다. 어렵게 만난 새를 쫓을 수는 없어서 조용히 차를 세우고 기다렸다. 그런데도 눈치를 챘는지 슬슬 강물로 들어가서 물을 마신다. 사냥을 하려는지 강물을 내려다보며 몇 걸음 움직이다가 다시 모래 위로 올라가 가만히 쉰다.

그렇게 한 시간 가까이 흘렀나보다. 동영상을 찍어볼까 하여 차에서 내려 삼각대를 펼치는 사이에 날개를 펼치고 하류로 날아갔다. 조용히 자리를 피할 것을 괜한 욕심을 부린 탓에 먹황새의 휴식을 방해하고 말았다. 이제 곧 번식지로 떠날 텐데 다가올 겨울에도 다시 찾아올는지. 댐이 완공되면 내성천은 어떻게 변할까? 먹황새를 그때도 만날 수 있을까, 걱정만 앞선다.

말똥가리.
내성천을 따라가며
다섯 마리를 만났다.

유리산누에나방
고치

노랑지빠귀

흰목물떼새.
물가 모래밭을 다니며
작은 먹이를 찾고 있었다.

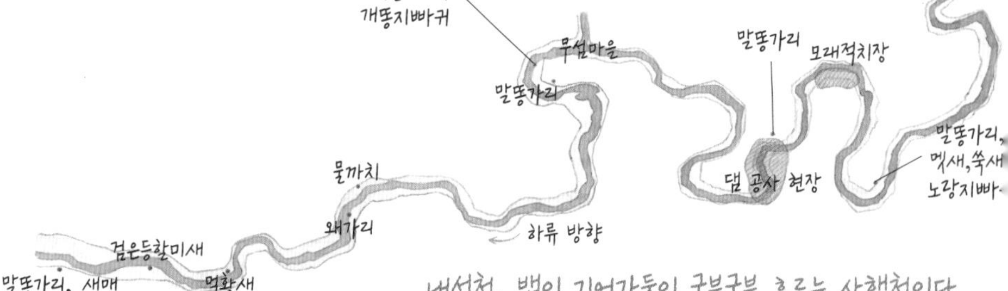

내성천. 뱀이 기어가듯이 구불구불 흐르는 사행천이다.
천천히 흐르는 아름다움이 사라지지 않기를 바란다.

먹황새.
가슴과 배 부분을 제외하고
온몸이 화려한 광택을
띠는 검은색이다.
검은 코트를 입은 듯
귀티가 난다.

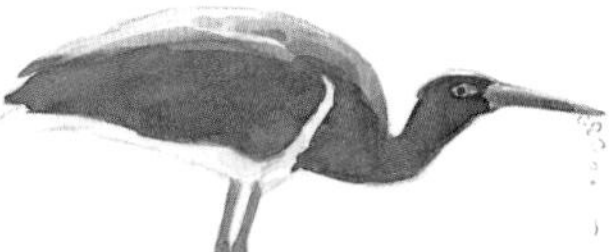

수리부엉이가 사는 곳

3월 20일

경기도 화성. 맑음

화성의 간척지 들판에는 수리부엉이가 여러 마리 산다는데 아직 한 번도 보지 못했다. 만날 기회를 얻으려면 꾸준히 다니며 꼼꼼히 찾아봐야 하겠지만 운도 따라줘야 할 것 같다.

위성 지도를 봐가며 수리부엉이가 둥지를 틀 만한 곳을 찾아 천천히 차를 몬다. 앞에 너른 들판이 펼쳐져 있고 사람의 왕래가 드문 절벽… 있다! 멀찌감치 차를 세워두고 천천히 걸어들어갔다. 따뜻해진 날씨에 질퍽하게 물이 고인 곳이 많다. 덕분에 야생동물의 발자국이 눈에 잘 띈다.

40분 남짓 걸어들어갔을까. 가파른 절벽 앞에 다다랐다. 절벽 앞에 있는 너럭바위 위에는 흰색의 배설물 자국이 남아 있고, 바위 아래의 가랑잎이 수북하게 쌓인 바닥에는 올빼미과 새의 깃털이 흩어져 있었다. 내 키보다 조금 위쪽, 절벽의 움푹 들어간 곳이 둥지 자리인 것 같았지만 수리부엉이는 보이지 않는다. 어둡고 적막한 벼랑 밑에서 혹시나 하여 주변을 조심스레 살폈다. 오리의 것이지 싶은 깃털은 더 찾아냈지만 수리부엉이의 펠릿은 찾지 못했다. 결국 아무런 수확물도 얻지 못한 채 돌아나왔다.

갈대밭 위로 먼지 섞인 차가운 바람이 분다. 잿빛개구리매가 황조롱이의 공격을 받고 멀어져갔다. 아쉬움이 남아 차를 타고 주변을 기웃거려 보았지만 끝내 수리부엉이는 만나지 못했다. 대신에 애꿎은 차만 진흙으로 만신창이가 되었다.

너구리 발자국. 발가락이 네 개.
발톱 자국도 보인다.

고라니 발자국.
두 개의 굽이
선명하게 찍혔다.

황조롱이

잿빛개구리매

오리류의 깃털로 추정.

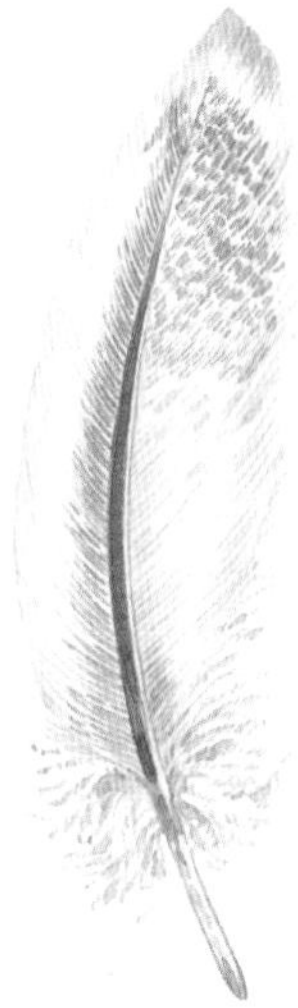

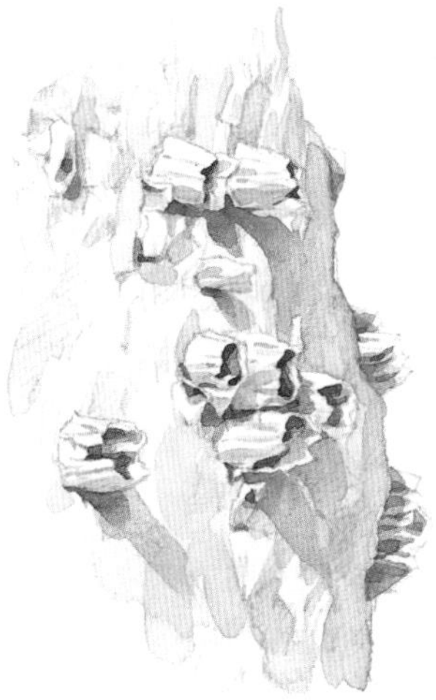

절벽의 따개비 흔적.
한때 바다였음을 말해주고 있다.

쇠부엉이 깃털로 추정.
표면을 자세히 들여다보면
부드러운 털이 덮여 있다.
올빼미과의 깃털이 틀림없다.

안개 속의 새소리

4월 10일

인천 강화군 선두리. 안개 자욱

이른 아침에 도착한 선두리 갯벌은 짙은 안개에 휩싸여 있다. 만조 때가 아직 한 시간 가까이 남았지만 벌써 바닷물은 해안가 축대에 육중하게 부딪치며 출렁인다. 삐요 삐요- 도요새들 소리가 상쾌하다. 분주하게 날갯짓을 하며 내 주변을 날아다니는 것 같은데 안개에 가려 그 모습은 볼 수가 없다.

새벽잠을 설치며 나온 게 헛수고였나 하고 실망할 즈음, 해안 가까이 모여 있는 하얀 새들이 살짝 보인다. 저어새다. 점점 잠겨가는 돌무더기 위에서 검은머리물떼새와 알락꼬리마도요, 중대백로 몇 마리와 좁은 휴식 공간을 같이 쓰고 있는 모양이다. 그나마도 물이 더 들어오자 저어새와 중대백로만 남았다. 이제 바닷물이 더는 들어오지 않을 것을 아는지 부리 끝에 물을 묻혀 깃 다듬기에 열중한다. 안개 속 어디에선가 쉬고 있던 도요새 한 무리가 내 주변으로 가까이 날아왔다가 멀어진다. 그림 같은 몽환적인 풍경 속에서 가만히 새소리에 귀를 기울이며 컵라면에 물을 부었다. 탐조는 눈으로만 하는 것이 아니라는 생각이 문득 든다.

그렇게 한 시간이 더 지났을까. 썰물이 시작되자 순식간에 눈앞의 갯벌이 드러난다. 도요새들이 다시 날아들고 검은머리갈매기도 '끼익끼익' 시끄럽게 울며 나타났다. 대범한 알락꼬리마도요가 가까이 다가와서 긴 부리로 갯벌을 찔러대며 먹이를 찾고, 천천히 날던 검은머리갈매기는 갑자기 갯벌에 내리꽂히듯이 칠게를 잡는다. 여전히 안개가 자욱한 오전의 갯벌은 새소리로 가득하다.

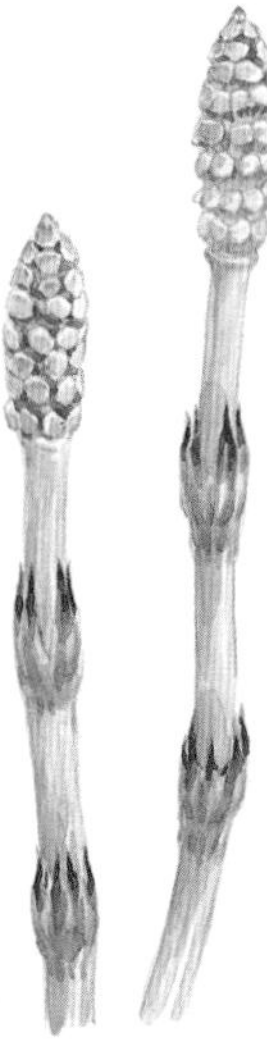

쇠뜨기

검은머리갈매기

노랑부리저어새 한 마리 포함,
모두 열일곱 마리가 있었다.
다들 번식깃을 하고 있다.

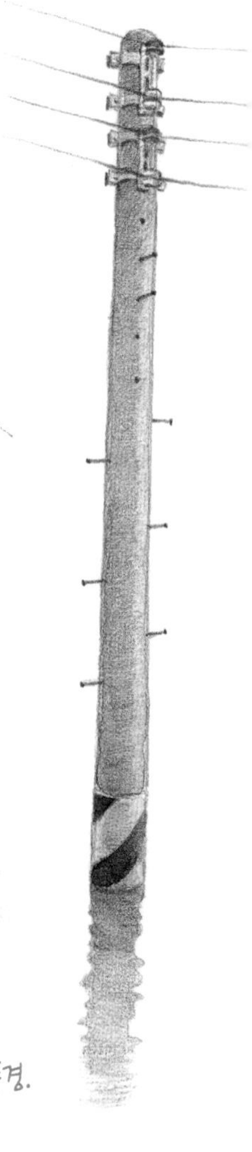

전봇대가 물에 잠기는 묘한 풍경.

텐트 속의 자유

4월 20일

매향리. 맑음

평택 기준 만조 시간 16시 18분 (808)
매향리로 떠나기 전에 고민을 많이 했다. 오늘은 비교적 물이 적게 들어오는 날이기 때문이다. 그렇지만 며칠 뒤에는 외연도에 가야 하니 주말을 빼면 올봄에는 더 기회가 없을 것 같아서 주섬주섬 장비를 챙겼다. 되도록 일찍 도착해 위장 텐트 안에서 오랫동안 기다려볼 셈이다.
만조 세 시간 전, 멀리 농섬과 윗섬은 아직 육지처럼 보인다. 근처 논두렁에서 햇볕을 쬐고 있는 개똥지빠귀들을 보다가 문득 돌아보니 섬 주변은 벌써 바닷물이 들어차고 있었다. 수많은 도요새들이 먹구름같이 떼를 지어 날아올랐다가는 조금씩 자리를 옮겨가며 내려앉곤 한다. 이제 나도 슬슬 자리를 잡고 기다릴 시간이 되었다.

텐트를 친 곳은 해안가 흙더미 바로 앞자리, 바다로 흘러가는 얕은 갯고랑 옆이다. 텐트 안에서 가만히 보고 있노라니 검은머리갈매기가 갯벌에서 게를 잡거나 민물도요가 가까이서 종종거리기도 한다. 도요새 무리는 망원경으로도 안 보이는 먼 곳에서부터 날아올랐다가 내려앉기를 반복하며 조금씩 다가오고 있다.

텐트 속은 오롯이 나만의 세상이다. 카메라나 망원경을 얹어둘 삼각대를 세워놓고 조그마한 낚시 의자에 쪼그려 앉으면 꽉 차버리는 좁은 공간이지만 마음은 편안해진다. 텐트의 앞쪽 지퍼만 살짝 내리고 밖을 바라보고 있으면 갯벌과 새, 그리고 나만 존재하는 느낌이랄까. 눈은 바깥에 둔 채로 머릿속은 상상과 현실을 넘나들며 자유로워진다. 어떤 재료로 눈앞의 풍경을 그리면 좋을지, 도요새가 되어 군무 비행을 한다면 어떨까 하는 생각들.

만조가 한 시간 남짓 남았을 즈음, 한 사람이 촬영 장비를 들고 다가와 내 옆에 텐트를 치기 시작했다. 혼자만의 시간을 방해받을까봐 잠시 걱정을 했지만 인사도 건네지 않고 말없이 자기 일에만 열중한다. 다행이다. 어느덧 만조 시간이 다 되었으나 도요새 무리가 자리를 잡은 곳은 여전히 멀다. 넓적부리도요가 혹시 섞여 있다고 해도 망원경으로는 도무지 분간할 수 없는 거리다. 오랜 시간 느긋하게 도요새의 군무를 감상했다는 것에 만족해야 한다. 곁에 가까이 다가온 새가 없는지 살펴본 뒤에 텐트를 걷었다.

화옹방조제로 이동했다. 갯벌에서와는 달리 도로 안쪽의 습지에 다양한 종류의 새들이 평화롭게 섞여서 쉬고 있었다. 아직 북쪽으로 떠나지 않은 노랑부리저어새와 쇠오리, 짝을 차지하기 위해 경쟁하는 검은머리물떼새, 작고 날렵하게 생긴 쇠제비갈매기들이 있다. 순간 눈을 의심케 하는 새 한 마리. 그들 사이에 보란 듯 혼자 먹이를 찾아다니는 뒷부리장다리물떼새가 있는 것이 아닌가. 하루 종일 세월만 낚다가 빈손으로 돌아갈 낚시꾼에게 대어가 잡힌 기분이 이런 것일까. 해가 기울면서 점점 거세지는 바람 때문에 똑바로 서 있기조차 힘들었지만 언제 또 만날지 모를 귀한 자태를 한참 동안 감상했다.

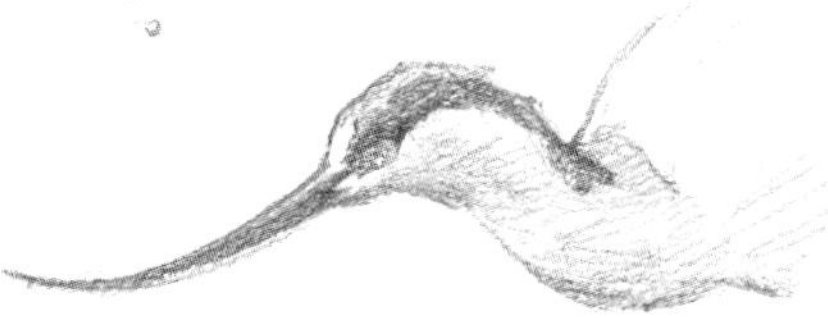

뒷부리장다리물떼새.
가늘고 긴 부리는 위로 휘어 있고
긴 다리는 밝은 청회색이다.
흑꼬리도요보다 몸집이 더 크다.

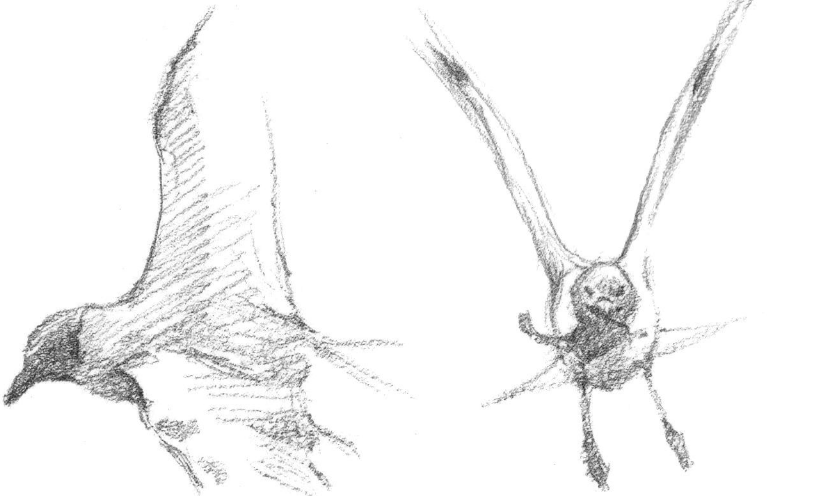

변환깃.
깃갈이 중이라 검은색 털이
얼룩덜룩하다.

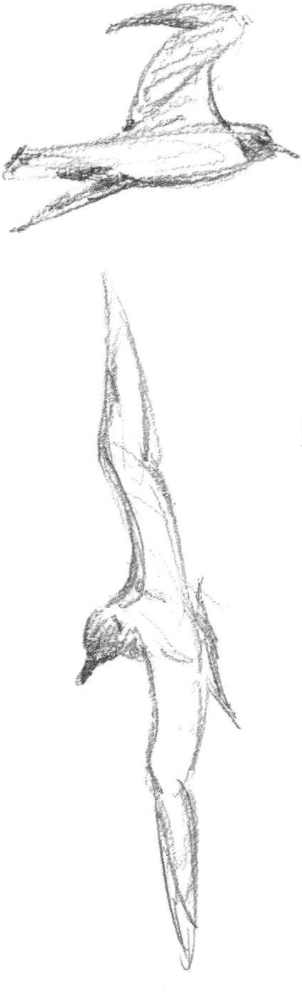

검은머리갈매기.
깃 상태가 각각 다른
여러 개체들이 보인다.

꼬마물떼새 두 마리가 짝짓기 행동을 보였다.
혹시 근처에 둥지가 있을까 싶어 텐트를
걷어서 나오는 내내 조심스러웠다.

세상으로부터 아주 멀리 떨어진 섬

5월 16일

인천 굴업도. 안개 자욱

굴업도까지 가기는 쉽지 않았다. 굴업도에 가려면 인천이나 대부도에서 배를 타고 덕적도까지 간 뒤 울도선으로 갈아타야 한다. 며칠 전에도 인천여객터미널까지 갔지만 자욱한 안개 때문에 배가 결항되어 못 갔다. 오늘은 대부도 방아머리 선착장으로 갔다. 혹 인천보다는 안개가 덜할까 막연하게 기대하면서 갔더니 다행히 배가 출발했다. 그러나 역시 짙은 안개 때문에 여러 번 바다 위에서 가다 서다를 반복했다.

겨우 도착한 덕적도에서 배를 갈아탔으나 배는 출발 예정 시간보다 한 시간이 넘도록 떠날 생각을 안 했다. 역시 안개가 짙어 그런다고 했다. 언제 출발할지 모르니 밥을 사 먹으러 갈 수도 없는 어정쩡한 처지였다. 동행한 친구와 그저 갑판에 걸터앉아 안개 낀 바다만 하염없이 바라보는 수밖에 없었다. 굴업도 땅을 밟은 것은 오후 세 시. 서울을 출발한 지 열 시간이나 지난 뒤였다. 처음 만나는 민박집 아저씨가 그렇게 반가울 수가 없다. 민박집 아주머니가 해주신 밥도 꿀맛이었다.

느지막이 나선 탐사는 섬 풍경을 둘러보는 것으로 목표를 잡았다. 어떤 대기업에서 골프장을 지으려 했다는 개머리능선은 정말 멋졌다. 울룩불룩한 모양의 능선을 따라 드넓게 펼쳐진 풀밭은 어디서도 보지 못한 풍경이었다. 우리에서 뛰쳐나갔는지,

주인이 풀어주었는지 모를 대륙사슴은 바닷바람을 가르며 능선 이곳저곳을 뛰어다닌다. 능선 아래로는 칼벼랑이 섬의 둘레를 이루고 있다. 세상으로부터 아주 멀리 떨어져나온 신비한 세계에 온 것 같은 느낌이 들었다. 한 무리의 칼새가 바람을 가르며 하늘을 빠르게 맴돌았다. 바람 소리에 칼새의 날갯짓 소리가 섞여 있는 듯했다.

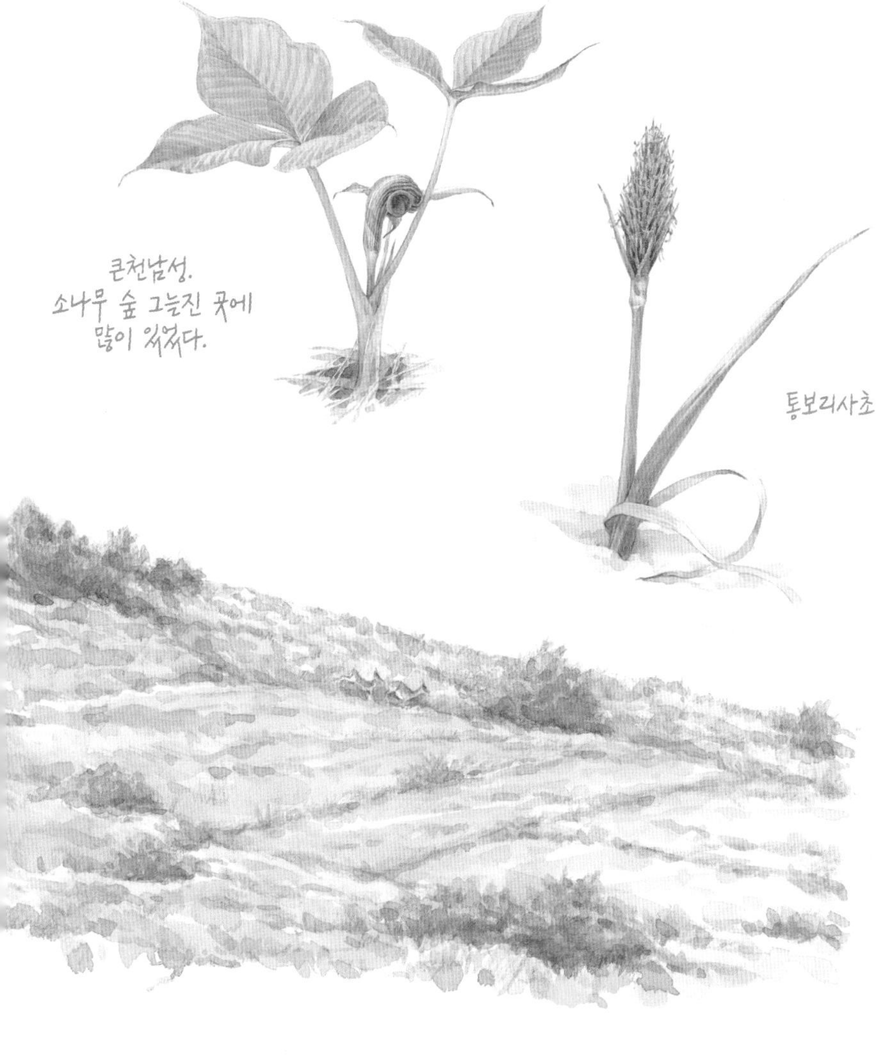

칼새들의 비행.
여러 마리가 보인다.
해안 절벽에 둥지가 있을까?

조롱이 암컷.
새매인 줄 알았다.
노란 눈테가 특징.

다리가 가늘고 긴 느낌이다.

폐허가 된
옛 건물들 사이에서

5월 17일

굴업도. 맑음

해가 뜨자마자 민박집을 나섰다. 마을에서 해안으로 나가는 길에 조릿대 숲에 둘러싸인 작은 풀밭이 있다. 솔새사촌이나 촉새 같은 작은 새들이 아침을 맞아 분주했고 나뭇가지 끝에는 때까치와 노랑때까치들이 두리번거리며 앉아 있다. 새들은 대부분 기운이 넘쳐 보였고 경계심도 강한 편이어서 개체 수가 많다 하더라도 관찰하는 것이 쉽지 않아 보였다. 그러나 가는 곳마다 평화로운 풍경이 펼쳐져 있으니 눈이 즐거웠다.

느지막이 아침밥을 먹은 뒤 선착장을 지나 섬 반대편으로 향했다. 목기미 해안에서 연평산으로 이어지는 곡선은 그린 듯이 아름다웠다. 해안에서 이어지는 모래 언덕은 이국적인 느낌이 들 정도로 낯선 풍경이었다. 통보리사초가 넓게 퍼져 있는 모래 언덕에는 흰물떼새들이 삑삑대고 있었고 해안에는 검은머리물떼새 두 마리가 커플이 되었음을 과시하듯 줄곧 같이 다니고 있었다.

특이하게도 해안을 따라 한때 마을이 있었다는 언덕까지 버려진 전봇대가 줄지어 서 있다. 마을은 사라지고 폐허가 된 옛 건물들은 작은 새들에게 거센 바닷바람을 막아주는 피신처 구실을 하는 듯했다. 언덕을 넘어가보니 녹슨 커다란 닻들이 해안에 죽 늘어서 있었다. 한창때는 민어 파시가 열리고 많은

배들이 찾아왔다더니 굴업도의 옛 전성기를 보여주는 흔적인 셈이다. 마음이 쓸쓸해진다.

마을 근처의 조릿대 숲 주변으로 돌아와 해질 무렵까지 시간을 보냈다. 솔새류와 개개비류가 많았다. 작은 새들은 이따금 모습을 드러내곤 했지만, 내가 아무리 조심스레 움직여도 금세 덤불 속으로 숨어드는 바람에 어떤 새인지 알아내기가 어려웠다. 덤불 속에 숨어서 소리만 내고 있을 때는 무슨 새인지 더욱 궁금해진다. 이럴 때 새소리를 잘 안다면 얼마나 좋겠는가. 잠시 모습을 보여주고 숨어버린 큰부리개개비를 기다리다가 해가 저물었다.

이마의 깃털을
살짝 세우기도 한다.

쇠솔딱새.
부리 주변에 수염 같은 긴
털이 나 있다. 눈이 꽤 크다.

대륙사슴. 운 좋게도 나뭇가지를
사이에 두고 눈앞에서 마주쳤다.

발자국. 고라니의 것보다 크다.

똥도 고라니의 것보다
조금 더 크고 굵다.

흰목물떼새

검은머리물떼새.
한 쌍이 계속 같이 다니고 있다.
한 마리가 고개를 숙인 채
부리를 벌리고 삑삑 소리를 내며
다른 한 마리의 주변을 맴돌았다.
구애 행동으로 보인다.

개개비

도둑게

그의 뒷모습

5월 18일

굴업도. 맑음

이른 아침, 먼저 나온 친구가 바람까마귀를 봤는데 직박구리에 쫓겨 금방 시야에서 사라졌다고 했다. 그러고 보니 오늘 아침엔 유난히 직박구리들이 많이 보이고 주변이 소란스럽다. 혹시나 하는 마음으로 바람까마귀를 찾아보았지만 찾을 수가 없다. 대신 큰부리개개비가 다시 나타났다. 까칠하게 숨던 어제와 달리 오늘은 제대로 모습을 볼 수 있었다. 주변에는 긴다리솔새사촌도 보였다. 어제 친구가 알려준 대로 솔새사촌과 긴다리솔새사촌의 특징을 머릿속에 그려가며 구분해보았다. 역시 한번 제대로 보고 나서 그런지 훨씬 더 눈에 잘 보이는 것 같다.

송신탑이 있는 산꼭대기에 올라섰다. 높은 곳에 올라오니 맹금류들이 보인다. 붉은배새매가 지나가는가 싶더니 새홀리기도 보였다. 벌매 두 마리도 마침 머리 위를 지나고 있었다. 따뜻한 상승 기류를 찾기 위해서일까, 섬의 풍경을 살펴보고 싶었을까. 벌매들은 한동안 머리 위에서 천천히 빙빙 돌더니 하늘 높이 올라가 끝내 점으로 사라지고 말았다. 산꼭대기 너머 절벽 끝에는 검은바람까마귀 한 마리가 먼바다를 굽어보며 앉아 있었다. 그의 뒷모습을 보니 어쩌면 다음 기착지로 떠나려고 마음의 준비를 하는지도 모른다는 생각이 들었다.

긴다리솔새사촌.
솔새사촌에 비해 부리가 짧고
두툼한 느낌. 눈 앞쪽 눈썹선이
시작하는 부분이 넓다.

솔새사촌. 눈 앞쪽의
눈썹선 색깔과 넓이로 구분했다.

큰부리개개비.
개개비에 비해 부리가
좀더 두툼하고 밝은색의 눈썹선이 없다.
얼굴을 잘 보아야 구분할 수 있다.
어려운 녀석이다.

벌매.
날개깃과 꽁지깃을 펼치거나 모으면서
속도와 방향을 조절하는 것 같다.

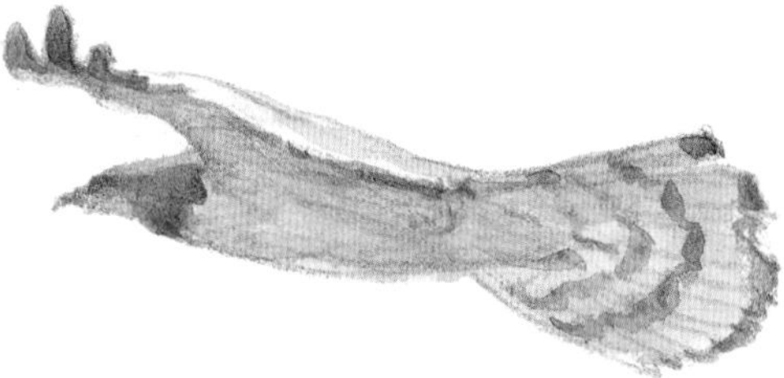

4장

붉은 들판

2012년
6월 ~ 12월

동틀 무렵 도착한 시화호 들판은 온통 붉은빛이었다.
밤새 이슬이 내려 촉촉해진 삘기밭이 막 떠오르는 태양빛을 머금어
붉고 묵직하게 빛나고 있었다. 멀리서 날아오던 큰기러기 무리가
소란스럽게 울어대며 머리 위를 빠르게 지나갔다.
주변이 좀더 환해지자 잿빛개구리매가 날아오르는 모습이 보였다.
날면서 아래쪽을 살피거나 좌우를 두리번거리는 모습을 보면
사냥감을 찾는 중이란 걸 짐작할 수 있다.
잿빛개구리는 갈대밭 위를
천천히 미끄러지듯 나아가며 멀어졌다.

새들이 숨어 있는 나무 구멍

6월 21일

강원도 춘천 남이섬. 맑음

남이섬은 흥미로운 곳이다. 섬 둘레를 따라 걸으면 한 시간도 채 걸리지 않는 작은 섬이지만 나름대로 자연스럽게 가꾸어 울창해진 숲에는 청설모나 다람쥐와 함께 다양한 새들이 살고 있다. 이곳의 숲을 걷다보면 크기가 다양한 나무 구멍을 쉽게 볼 수 있다. 딱따구리들이 팠거나 저절로 생겨났을 크고 작은 구멍들은 둥지를 찾는 새들에게 참 반가울 것이다.

남이섬에는 늘 사람도 많다. 평일인 오늘도 많은 관광객들이 들어온 것을 보면 항상 인파로 붐빌 텐데, 낮의 소란함이 새들에게 별로 문제가 되지 않는 걸까. 그런 생각을 하는 중에 나무 구멍으로 들어가는 호반새를 발견했다. 구멍에서 다시 나온 것은 한 시간쯤 뒤. 알을 품는 중임에 틀림없다. 어이없게도 둥지 구멍은 사람의 왕래가 빈번한 산책로 옆 고목의 낮은 가지에 있다. 이런 곳에서 무사히 번식을 마칠 수 있을까 걱정이 되었지만, 정작 관광객들은 바로 옆에서 우는 호반새의 카랑카랑한 소리와 화려한 자태에 아무런 관심도 없어 보였다.

서툴게 나무를 쪼아대는 까막딱따구리 어린 새도 발견했다. 옅은 색깔의 어린 박새는 바닥에서 부지런히 먹이를 찾고 흰눈썹황금새 어린 새는 어미를 따라다니고 있다. 2주 전에 나무 위에 앉아 쉬던 원앙은 모습이 보이지 않는다. 울창한 나무의 높은 가지에 앉아 '갸갸' 소리만 들려주던 파랑새는 이미 둥지를 마련하고 새끼를 키우는 중인지도 모르겠다. 해질 무렵이 되었을 때 벚나무 가지에 앉아 있는 큰소쩍새 어린 새 한 마리를 발견했다. 졸다가 눈을 살짝 떴을 때 드러난 눈동자가 보석처럼 예쁘다. 또 어떤 새들이, 어떤 나무 구멍에서 내 눈을 피해 숨어 있을까. 알수록 궁금하고 재미있다.

패랭이꽃

어린 박새.
색이 옅고 탁하다.

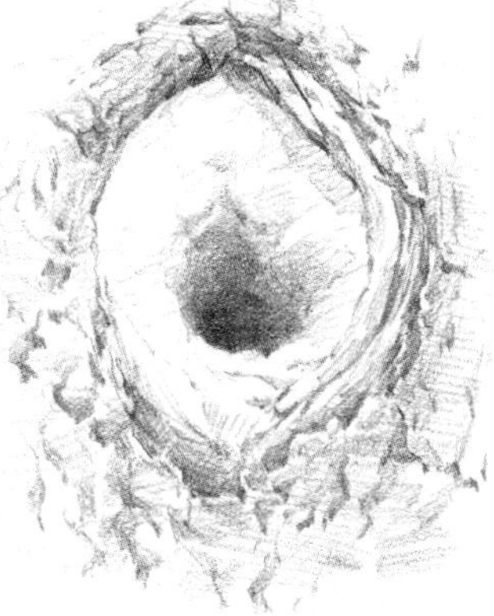

동고비 둥지.
나무 구멍 주변을
흙으로 메워서
자신의 몸집에 딱 맞게
줄여놓았다.

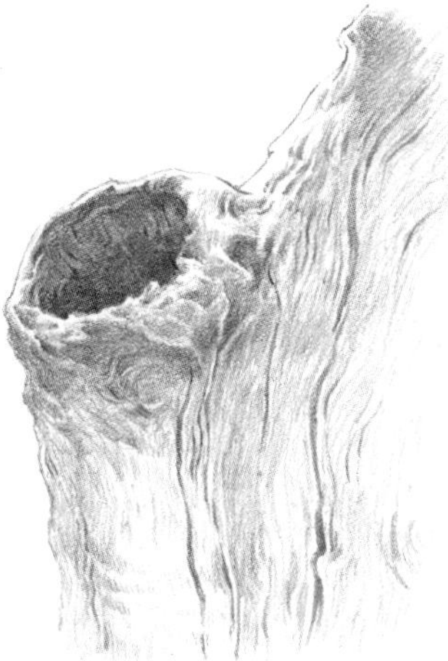

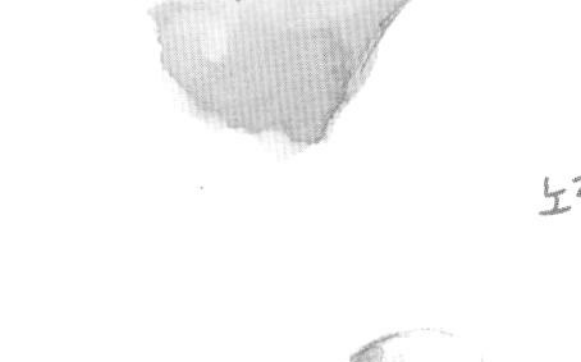

흰눈썹황금새.
수컷은 흰색, 검은색,
노란색의 대비가 선명하다.

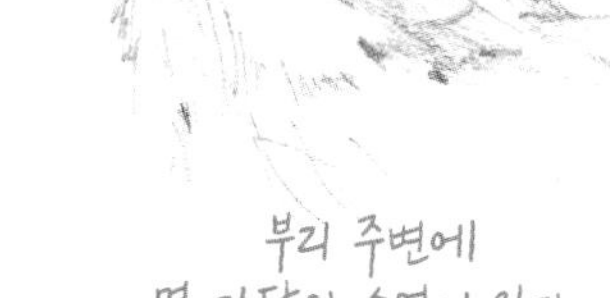

부리 주변에
몇 가닥의 수염이 있다.

올해 태어난 듯
서툰 행동을 보이던
까막딱따구리.

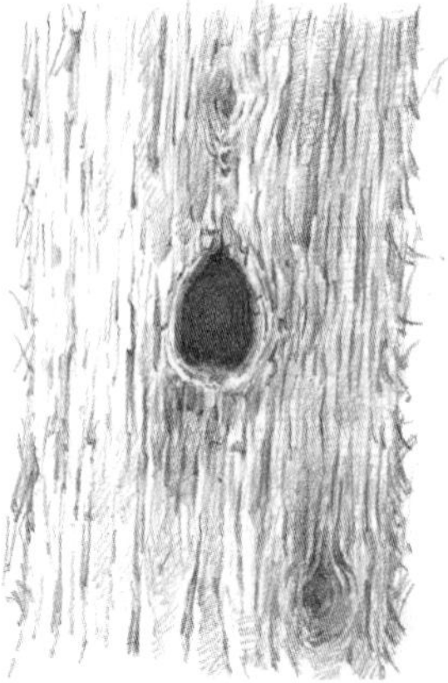

물방울 모양의 나무 구멍.
까막딱따구리의 둥지가 아닐까?

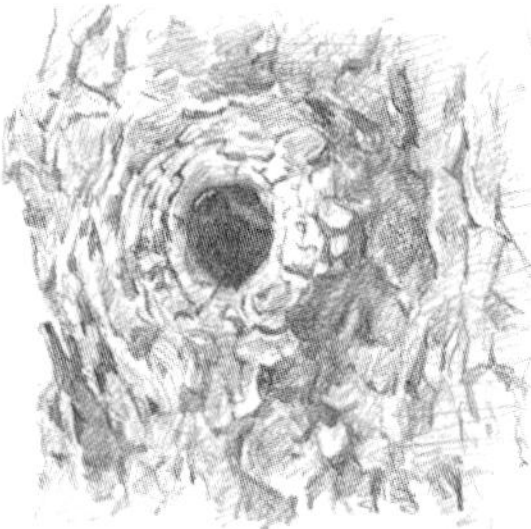

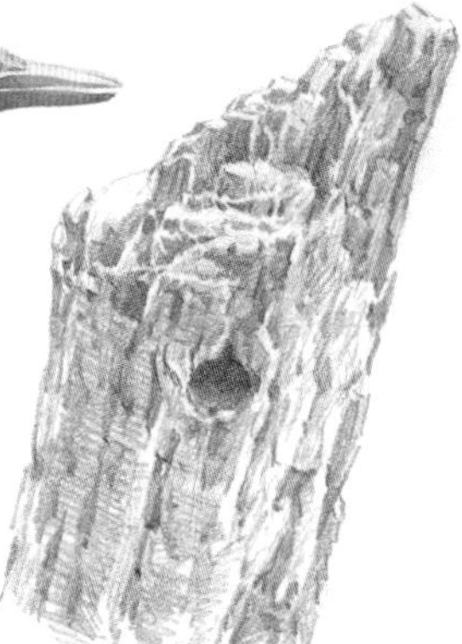

초록 숲에서
호반새의 주황색이
강렬하다.

큰소쩍새 어린 새.
새끼 고양이를 닮았다.

호반새 둥지가 있는 나무.
운 좋게도 두 개의
호반새 둥지를 발견했다.

파랑새와 한 달

7월 5일 ~ 8월 1일

팔당

한창 장맛비가 내리던 날, 강변을 산책하다가 파랑새 둥지를 발견했다. 그것도 무려 세 곳이나. 둥지를 찾는 것은 어렵지 않았다. 파랑새가 곤충 따위의 먹잇감을 문 채로 날아다니기에 새끼를 키우고 있나보다 하여 들락날락하는 나무를 찾아보았다.

첫번째 둥지는 오래된 밤나무 구멍, 두번째 둥지는 플라타너스의 옛 까치 둥지, 세번째는 아까시나무의 옛 까치 둥지였다. 둥지들끼리 200미터가량 떨어져 있었다. 밤나무 구멍 둥지는 높이가 낮은 편이다보니 파랑새 어미의 경계가 심해서 관찰하기 어려웠고, 나머지 둥지들은 관찰하기에 너무 높았다. 그나마 아까시나무 둥지는 각도가 좋아서 멀리에서나마 관찰이 가능했다. 장마가 끝날 즈음 두 개의 둥지에서 번식을 마쳤고 아까시나무 둥지의 육추*는 8월초까지 이어졌다.

아까시나무 둥지를 폭염의 뙤약볕 아래에서 일주일이나 관찰하겠노라고 의욕을 부렸는데도 새끼들이 이소**하는 순간은 끝내 볼 수 없었다. 못 본 사이에 떠나버린 것이 야속했지만 모쪼록 잘 자라서 내년에도 다시 찾아오기를 바랄 뿐이다.

---

* 育雛. 알에서 깐 새끼를 키움.

** 離巢. 새의 새끼가 자라 둥지에서 떠나는 일.

밀잠자리

꾀꼬리 어린 새.
둥지를 나온 지
얼마 안 되어 보인다.

물총새

민물가마우지 무리의 비행.

7월 5일. 밤나무 구멍 둥지
근처에 앉아 있는 파랑새.
녹색 광택이 나는 곤충을 물고 있다.

7월 13일. 밤나무 구멍으로 먹이를
주러 왔다가 그냥 물고 날아가는 파랑새 어미.
가까이 다가온 나를 의식하는 것인지
이소를 유도하는 행동인지 모르겠다.
먹이를 문 채로 둥지 주변을 몇 바퀴
날다가 멀리 떨어진 나뭇가지에 앉았다.

연밭에서 잡은 개구리를
물고 날아가는 중대백로.

7월 19일.
금방 이소한 듯한
파랑새 어린 새.

7월 21일.
밤나무 구멍 둥지에는
더이상 파랑새가 찾아오지 않는다.
맞은편 밤나무 숲에 몇 마리의
파랑새가 객객댄다.

닭의장풀

7월 26일.
아까시나무 둥지.
어미가 수시로 먹이를 주고 있다.
한 시간에 아홉 번 정도 주었다.
어미가 먹이를 줄 때
새끼 모습이 슬쩍 보였다.

7월 27일.
어제와 같은 시간에
까치들이 다시 왔다. 오늘은
어미가 나타나 까치들을 쫓아보지만
소용없다. 까치들 몇몇은 둥지 안을
들여다보기는 해도 별다른 해코지 없이
앉았다가 날아갔다.

7월 29일.
오늘은 까치들이 오지 않았다.
새끼는 처음보다 둥지 밖으로
몸을 더 많이 내놓고 있다.

7월 30일.
어미가 먹이 주는 횟수가 부쩍 줄었다.
까치들이 다섯 시 반쯤 또 찾아왔다.
새끼는 숨지 않고 객객대며 경계를 하는 것 같다.
어미가 날아왔다가
까치 몇 마리에게 쫓긴다.

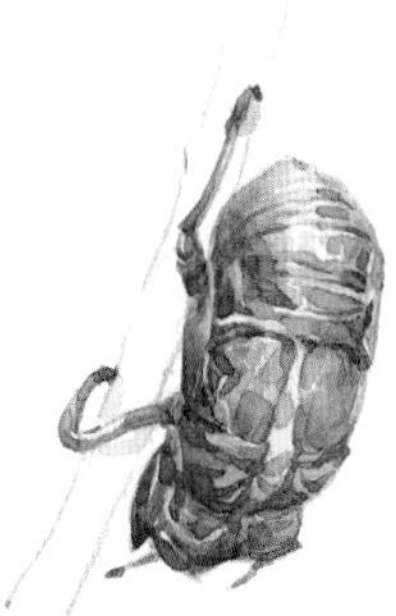

매미 허물

7월 31일.
어제에 비해 먹이를 자주 준다.
어미는 멀리 가지 않고 둥지 근처
가지 끝에 주로 앉는다.
오늘도 역시 까치들이 찾아왔고
어미는 까치들을 맹렬히 공격한다.

8월 1일.
오후 늦게 도착하니 고개를 내민 새끼가 없다.
이미 다 떠난 줄 알고 돌아서려는데
둥지 안에서 새끼들의 재잘거림이 들린다.
잠시 후 어미가 먹이를 주고 갔다.

천천히 여름이 가고 있다

8월 24일

강화도. 흐림

너무 서둘렀던 모양이다. 도요새 무리가 많았으면 하고 찾아갔지만 선두리 갯벌에는 아직 고요함만 감돈다. 괭이갈매기 몇 마리가 넓은 갯벌의 한쪽 끝에 듬성듬성 자리를 잡고 있다. 멀리 각시바위에는 저어새가 잔뜩 모여서 쉬고 있다. 몇 달 사이에 새 식구가 많이 늘어났는지 모른다.

문득 귀에 익은 소리에 하늘을 올려다보니 어린 검은머리갈매기 몇 마리가 가까운 곳을 날고 있다. 지난봄에 만났던 녀석들의 2세일까. 유유히 날다가 일순간 갯벌로 곤두박는 동작은 영락없이 검은머리갈매기의 모습이다. 처음엔 알락꼬리마도요와 깝작도요 몇 마리만 보이더니 갯벌에는 어느새 뒷부리도요 수십 마리가 날아들었다. 풀벌레 소리와 도요새들의 울음소리로 아침 갯벌은 금방 생동감이 넘친다.

여차리 갯벌로 이동하니 밀물이 거의 다 들어온 것 같다. 물에 잠긴 갈대밭 옆에서 쉴 자리를 찾는 개꿩과 큰뒷부리도요들의 총총거리는 몸짓이 위태로워 보인다. 어디서 달아주었을까. 플래그를 달고 있는 두 마리의 큰뒷부리도요가 보인다. 반가운 소식이라도 전해 들은 듯 기분이 좋다. 겨울깃을 한 황로들이 어디론가 무리 지어 날아간다. 아직은 덥지만 천천히 여름이 가고 있다.

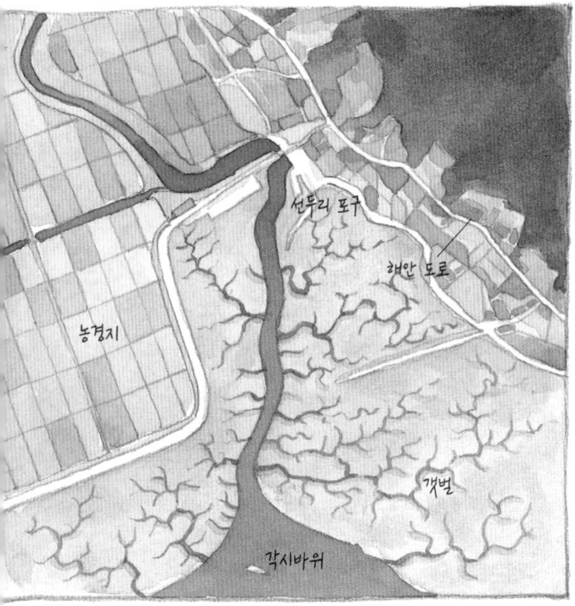

선두리 갯벌.
갯골이 실핏줄처럼 퍼져 있다.

검은머리갈매기 어린 새. 머리 위와 목,
날개덮깃 등에 짙은 갈색 무늬가 있다.
올해 태어난 어린 새인 듯싶다.

농게

흰물떼새 어린 새.
가까이 다가오다가 뒤늦게
내 존재를 눈치챘는지 바짝 엎드려
한동안 가만히 있었다.

갯메꽃 열매

대략 40여 마리의 큰뒷부리도요 중
CX가 표기된 노란색 플래그를 단
개체와 주황색, 검은색 두 개의 플래그를
단 개체를 발견했다.

만조가 얼마 안 남은 시각. 각시바위에는
저어새들이 잔뜩 모여서 쉬고 있다.

텐트를 뒤흔드는 바람

9월 28일

매향리. 비와 바람

평택 기준 만조 시간 15시 32분 (850)

만조까지 세 시간 전, 일찌감치 갯벌 구석에 위장 텐트를 치고 자리를 잡았다. 그런데 갑자기 굵어진 빗방울과 함께 거센 바람이 텐트를 뒤흔들며 통째로 날려버릴 것같이 불어왔다. 왕눈물떼새와 좀도요, 민물도요 몇 마리가 텐트 가까이로 다가왔지만 가만히 있기가 쉽지 않다. 어쩔 수 없이 밖으로 나와 여분의 끈으로 텐트를 더 단단히 묶었지만 여전히 불안했다. 가까운 칠면초 군락으로 검은머리물떼새와 개꿩들이 날아들었다. 어차피 비를 피할 곳이 없는 물새들은 비바람에 아랑곳하지 않고 유유히 먹이를 찾는다. 모두들 부는 바람을 맞받아안으며 자리를 떠나지 않고 있다.

아득하게 멀기만 하던 바닷물이 어느새 가깝게 다가오고 그에 따라 알락꼬리마도요와 민물도요, 붉은어깨도요 무리도 점점 가까운 갯벌로 이동해왔다. 설레는 마음을 품고 차분하게 관찰하고 있는데 도로가 있는 방조제 쪽 갯벌에서 도요새들이 분주하게 날아오른다. 차를 세우고 새들을 구경하던 사람들이 돌팔매질을 한 것이다. 한 번 가지고는 성에 안 차는지 연거푸 몇 번을 던지더니 재미없다는 듯 제 갈 길을 간다. 그사이 도요새 무리 일부는 다른 곳으로 날아가고 다시 평화가 찾아왔다.

노랑부리백로 한 마리가 위장 텐트 바로 앞 갯고랑까지 날아와

보란듯이 사냥을 시작했다. 오랜 시간 비바람에 젖어가며 기다린 보람이 느껴지는 순간이다. 썰물과 함께 비바람은 잦아들었고 도요새들도 다시 날아왔다. 귀한 청다리도요사촌 두 마리를 관찰했지만 혹시나 하고 기다렸던 넓적부리도요는 보지 못했다. 물이 꽤 많이 빠졌다 싶었을 때 텐트를 철수했다. 방조제 너머 농경지 위로 부지런한 기러기들이 날아올랐다.

칠면초

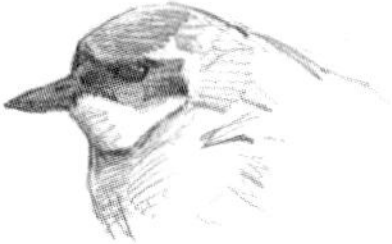

어린 새

왕눈물떼새.
아직 붉은빛의 여름깃이 남아 있다.

먹이를 삼킬 때
멱이 늘어난다.

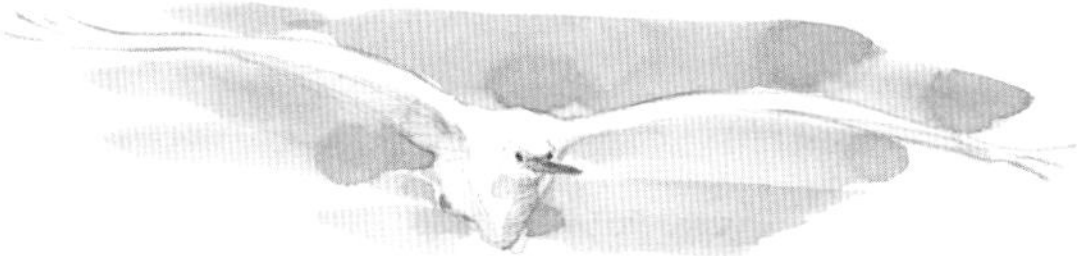

노랑부리백로.
겨울깃으로 바뀌는 중이다.
부리는 점점 검은색을 띠고 다리는
노란색을 띠고 있다.

검은머리물떼새
겨울깃을 한
검은머리갈매기.
민물도요
개꿩

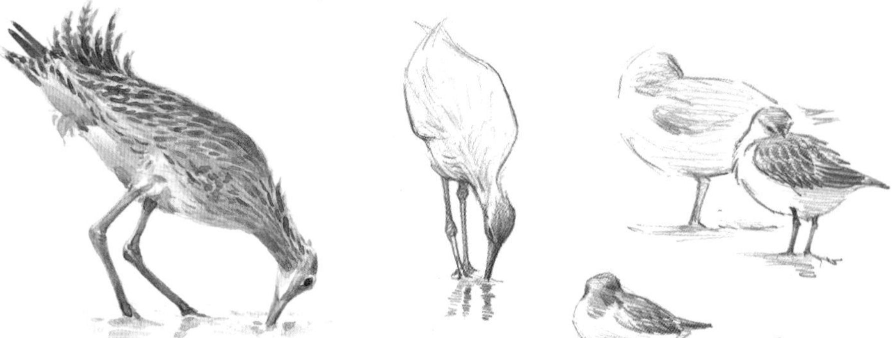
좀도요
알락꼬리마도요

저어새.
날개 끝에 검은색이 남아 있는 어린 새다.
노랑부리저어새

밀화부리는
나타나지 않았다

10월 2일

서울숲. 맑음

이맘때면 항상 찾아오는 밀화부리가 보고 싶어서 서울숲을 찾았다. 매년 같은 장소를 찾아오는 새들을 만난다는 건 기쁜 일이다. 별 탈 없이 잘 번식해서 무사히 돌아왔다는 의미와 함께 이곳의 환경도 아직은 큰 문제가 없다는 뜻이 될 테니. 기대를 하며 밀화부리가 좋아하는 느릅나무와 튤립나무 근처, 물을 마실 수 있는 냇가 주변을 서성이며 기다려봤지만 끝내 그들은 나타나지 않았다.

아쉬운 마음으로 도랑에서 목욕하는 곤줄박이와 박새들을 훔쳐보고 있는데 근처 풀밭에 울새 한 마리가 보인다. 울새는 땅강아지를 잡아서 바닥에 태질치며 씨름 중이다. 한 번에 삼키기에는 너무 큰지 바로 삼키지 않고 물고 다니더니 덤불 속으로 들어가버려서 더는 보지 못했다. 덤불에서는 산솔새 몇 마리와 울새가 언뜻언뜻 모습을 보여주며 바쁘게 나뭇가지 사이를 옮겨다녔다.

때죽나무 주변에는 곤줄박이들이 부산하다. 가지에 매달려 열매를 따거나 떨어진 열매의 껍질을 벗겨내고 속에 든 씨앗을 꺼내서 발로 꼭 잡고 열심히 쪼아댄다. 나무 밑에 떨어진 씨앗을 주워 손톱으로 부숴보니 여간 힘든 것이 아니다. 뜻밖에 강한 부리와 좋은 솜씨를 지닌 곤줄박이가 새롭게 보인다.

산사나무 열매

네발나비

박새.
온몸의 깃털을 잔뜩 부풀리고
재빠르게 털어댄다.

산책로 옆 도랑은
작은 새들의 식수원이자 목욕탕이었다.
박새, 쇠박새, 곤줄박이, 참새, 산솔새 등이 찾아왔다.

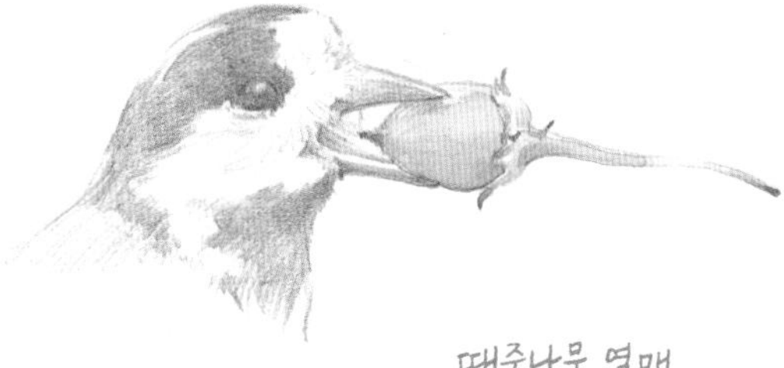

때죽나무 열매

곤줄박이.
두 발로 열매를 붙잡고
씨앗을 꺼내서 속을 파먹는다.

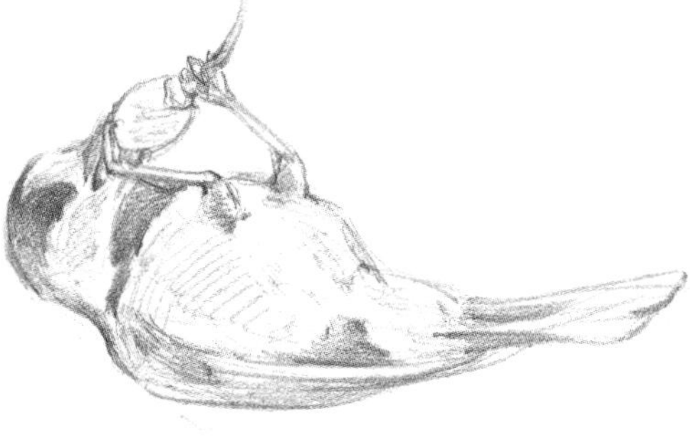

열매를 붙잡고 매달린 채로
씨앗을 꺼내기도 한다.

속을 파먹고 남은
씨앗 껍데기.

첫새벽,
시화호의 삘기밭

10월 20일

시화호. 약간 흐림

얼마 전부터 사진 취미를 가지게 된 선배와 동행했다. 선배는 좀 색다른 풍경을 찍어보고 싶다고 했다. 그렇다면 시화호만한 곳이 또 어디 있겠는가.

동틀 무렵 도착한 시화호 들판은 온통 붉은빛이었다. 밤새 이슬이 내려 촉촉해진 삘기밭이 막 떠오르는 태양빛을 머금어 붉고 묵직하게 빛나고 있었다. 멀리서 날아오던 큰기러기 무리가 소란스럽게 울어대며 머리 위를 빠르게 지나갔다. 주변이 좀더 환해지자 잿빛개구리매가 날아오르는 모습이 보였다. 날면서 아래쪽을 살피거나 좌우를 두리번거리는 모습을 보면 사냥감을 찾는 중이란 걸 짐작할 수 있다. 잿빛개구리매는 갈대밭 위를 천천히 미끄러지듯 나아가며 멀어졌다. 날갯짓을 하지 않고도 저리 천천히 날아갈 수 있다니 볼수록 놀라운 비행 실력이다.

잿빛개구리매 세 마리를
동시에 보는 일은 흔치 않다.

갯고랑 건너편의 갈대밭에서 사진을 찍고 있는 사람들이 보였다. 시화호 일대의 멋진 풍경을 이미 알고 있는 사람이 꽤 많은 모양이다. 앞으로 이곳이 개발되어 건물과 시설들이 가득 들어선다면 많은 사람들이 아쉬워할 것이다. 서울로 돌아오며 선배에게 시화호 풍경이 어땠는지 물어보았다. 평소 무뚝뚝한 선배로부터 돌아온 한마디는 '뭐, 괜찮네'였다. 마음에 들었나보다.

청개구리. 겨울을 앞두고 있어서인지
몸에 얼룩무늬가 있다.

삵의 배설물로 추정.
털이 섞여 있다.
윤기가 흐르는 것으로 보아
금방 누고 간 것 같다.

개개비사촌을 처음 보았다.
도감에서 본 모습 그대로다.
바로 알아보았다.

음표처럼
경쾌한 작은 새들

11월 27일

서울숲. 맑음

어느 종이 유난히 많이 관찰되는 해가 있다. 올해 가을 들어서는 쇠동고비와 나무발바리의 소식을 자주 접한다. 가까운 도심 공원에만 가도 만날 수 있으니 탐조하는 사람들에게는 즐거운 일이다.

맑지만 쌀쌀한 날씨 때문인지 한적한 서울숲에는 작은 새들의 지저귐만이 가득하다. 오목눈이 무리가 분주하게 지나간 뒤 '찌르르릇' 하는 익숙한 쇠동고비 소리가 들려왔다. 올가을에만 네번째 만남이다. 날렵한 부리로 솔방울 틈을 구석구석 뒤적이다가 소나무 줄기를 타고 거꾸로 내려온다. 나무껍질 틈에서 누군가 숨겨둔 씨앗을 찾아내거나 작은 거미를 잡기도 하면서 바쁘게 움직였다.

쇠동고비가 조금 멀어졌다 싶었을 때 나무발바리가 날아들었다. 소나무 둥치에서부터 이름처럼 발발거리며 위로 올라간다. 예리한 부리는 나무껍질 사이를 들추어 먹이를 찾기에 적당해 보이고, 길고 빳빳한 꽁지깃은 딱따구리처럼 몸을 지탱하여 자세에 힘을 실어주는 것 같다. 나무 타기를 잘하는 두 종류의 귀한 새를 한자리에서 만나다니 운이 좋은 날이다.

오랜 시간 나무 위만 올려다보느라 뻐근해진 목을 두드리며 저수지 위의 논병아리를 보고 있자니 한 무리의 새 떼가 건너편

자작나무 가지에 내려앉는다. 검은머리방울새다. '츄우잉 츄잉' 소리를 내며 부산스럽게 열매를 쪼아 먹다가 물가 주변으로 한꺼번에 후드득 몰려간다. 새파란 하늘 아래 노란색들이 마치 음표처럼 경쾌하다. 올여름에 이 작은 새들에게는 어떤 일이 있었을까. 월동지로서의 이곳 환경은 찾아오는 새의 종류와 수에 어떤 영향을 주는 것일까.

늦가을의 길어진 햇살에 가랑잎이 반짝인다. 그 위를 걸으면서 이 숲에 눈이 쌓이면 또 어떤 즐거움을 만나게 될지 상상해본다.

누가 숨겨놓은 것일까.
나무껍질 사이에서
작은 씨앗을 꺼냈다.

쇠동고비.
동고비보다 크기가 작고 색깔이 탁하고 어두운 느낌이다.
희고 넓은 눈썹선이 또렷하게 눈에 띈다.

나무껍질 틈에서
무언가 하얀 것을 집어냈다.

나무발바리.
몸은 통통하고 꽁지깃이 길다.
꽁지깃은 딱따구리처럼 튼튼해 보이고
발가락과 발톱이 길어서 나무를 기어오르거나
거꾸로 매달리기에 좋아 보인다.

느릅나무 열매.
콩새, 밀화부리,
검은머리방울새 등
많은 새들이 먹으러
찾아왔다.

파란 하늘에
흩어져 있는 붉은 점

12월 6일

용마산. 맑음

어제는 눈이 잠시 흩날리다 만 것 같은데 용마산에는 제법 눈이 쌓여 있었다. 하얀 바닥을 튀어다니는 작은 새들이 눈에 더 잘 띈다. 꽃향유 군락지에 다다르니 마른 꽃향유 씨앗을 먹고 있는 멋쟁이 여러 마리가 보였다. 멋쟁이의 붉은빛은 눈밭 위에서 유난히 깔끔하고 선명하게 드러난다. 몇 주 전 검은멧새를 발견하고 나서 용마산에 자주 와야겠다고 마음먹었더니 올 때마다 멋쟁이를 볼 수 있었다. 관심을 갖고 자주 오다보니 예전에는 보지 못했던 다양한 새가 눈에 들어오는 것이다. 역시 자주 갈 수 있는 가까운 탐조 장소는 소중하다.

때까치가 사냥을 하다가 허탕을 치는 모습을 지켜보는데 뒤쪽에서 익숙하지 않은 새소리가 들렸다. 소리를 좇아 올려다보니 아까시나무의 높은 가지 위에 붉은빛의 새 몇 마리가 앉아 있었다. 양진이 수컷이었다. 용마산에서의 첫 만남이다. 멋쟁이보다 강렬하고 차가운 붉은색. 파란 하늘을 배경으로 흩어져 있는 붉은 점들을 입을 못 다문 채 한동안 쳐다보았다. 강렬하고 화려한 색을 지니는 것이 야생에서는 더 불리한 조건일 텐데도 저렇게 진화했다는 것은 정말 신기한 일이다.

때까치.
깃털을 잔뜩
부풀리고 있다.

부리가
날카롭다.

때까치가
갑자기 작은 새들이 있는
덤불로 날아들었다. 아마 사냥을
시도한 것 같은데 실패하고는
나뭇가지에 앉아서
숨을 고르는 것 같았다.

주름조개풀 씨앗.
산길을 걷다가 나오면 바짓단에
많이 달라붙어 있다. 손으로 만지면
끈적끈적하다. 노랑턱멧새가 즐겨 먹는다.

또다른 새들을 기다리며

12월 27일

용마산. 흐림

산기슭을 돌다가 갑자기 '껑껑' 소리와 함께 퍼드덕거리며 날아오르는 꿩 때문에 깜짝 놀랐다. 꿩이야 조용한 산속에 갑자기 나타난 불청객 때문에 놀랐을 테지만, 나는 나대로 놀란 가슴에 한동안 심장이 콩닥콩닥 뛰었다.

며칠 전에 들깨를 뿌려놓았던 곳에는 꾸준히 새들이 찾아오고 있다. 오늘은 그 주변으로 노랑턱멧새와 박새, 쇠박새가 바글바글 모여서 자기 차례를 기다리고 있다. 약수터 주변 공터에 동네 사람들이 들깨를 가꾸었는데, 들깨가 여물 무렵이 되면 그 주변을 박새나 쇠박새들이 많이 찾아오곤 했다. 그걸 보고 들깨를 한 봉지 사두었다가 초겨울부터 용마산 초입에 뿌려둔 것이다. 처음 열흘 동안은 뿌려진 그대로 눈이 덮이기도 했지만 갈 때마다 새로 뿌려줬더니 드디어 새들이 찾아오기 시작했다. 처음에는 뜻밖에 얻은 먹이에 대해 의심을 했던 것일까. 새들의 조심성이 보인다.

찾아오는 새들은 대부분 박새와 쇠박새, 곤줄박이, 동고비, 붉은머리오목눈이 등이었으나 멧종다리, 노랑턱멧새도 가끔 찾아왔다. 멋쟁이, 양진이, 긴꼬리홍양진이, 검은머리방울새도 주변에 나타났지만 들깨를 먹는 모습을 보지는 못했다. 간혹 직박구리가 나타나서 작은 새들을 쫓아내고는 혼자 엄청난 양을 쪼아 먹기도 했다.

어떤 새가 또 나타날까 기대하며 하염없이 지켜보는데 갑자기 등뒤에서 바람 소리가 일더니 작은 맹금류 한 마리가 그 자리로 쏜살같이 곤두박으며 사냥을 시도했다. 쭈그리고 앉아 한참 동안 가만히 있었더니 내가 있는 줄 몰랐던 모양이다. 작은 새들은 순식간에 사라졌고 맹금류도 재빠르게 언덕 너머로 멀어졌다. 눈 깜짝할 새에 일어난 일이었다. 혹시 새매였을까.

새소리로 소란하던 먹이 터 주변에는 정적이 찾아왔다. 산등성이로 매서운 바람이 훑고 지나간다. 다들 어디로 가버렸을까. 이 숲 어딘가에 깃들어 있겠지. 아직 만나보지 못한 또다른 새들도 함께 있을까? 나는 다시 그 새들을 기다린다.

청설모가 솜이 붙은
헝겊 뭉치를 물고 있다.
둥지 보온을 위한 것 같다.

긴꼬리홍양진이.
멋쟁이나 다른 새들도
꽃향유 씨앗을 먹지만
특히 긴꼬리홍양진이가
즐겨 먹는 것 같다.

눈을 집어먹기도 한다.

멋쟁이. 풀씨는 물론이고
나무의 겨울눈까지
가리지 않고 잘 먹는다.

통통하고 둔해 보이지만
날렵하게 가지에 매달린다.

노랑턱멧새는 부리를 굴려가며
껍질을 까먹는다.

쇠박새는 두 발로 잡고
부리로 쪼아 먹는다.

붉은머리오목눈이도 작고 두툼한
부리로 껍질을 잘 까먹는다.

동고비는 부리에 들깨를
잔뜩 물고 날아갔다.
설마 한꺼번에 삼키는 건 아니겠지?

멧종다리. 아주 조심성이 많다.
한참을 두리번거리다가
들깨 한두 알을 물고 날아갔다.

몇 종류의 새가 모여 사이좋게 먹는다.
가끔 사납게 옆의 새들을 쫓아내는 녀석도 있다.

화가와 새,
그리고

이 책이 나오기까지

죽은 새를 만져본 적이 있다. 바로 눈앞에서 상가 유리창에 부딪쳐 주검이 된 작은 몸. 동백꽃이 톡 떨어지듯이 내 발 앞에 스러진 것은 박새였다. 매끄럽고 포근한 깃털에 싸인, 아직 따뜻한 몸을 손바닥에 올려놓았을 때 나는 잠깐 혼란에 빠졌다. 무게가 없다니! 그럼에도 눈앞의 형체는 너무나 완벽해서 소름이 돋을 지경이었다. 내가 믿고 있던 물리학 상식인 부피와 밀도와 무게의 상관관계는 평균 중량 50~80kg의, 두 발로 걸어다니는 동물을 기준으로 할 때만 진실이었던 것이다. 지구가 은하계라면 인간의 영역은 수많은 별 가운데 하나에 그칠지도 모른다.

새들은 온몸의 무게를 덜어내고 허공을 선택했다. 이들 가운데 상당수는 일생을 하늘길에서 보내는 순례자다. 행렬을 이루거나 더러 혼자몸으로 길고 짧은 여행을 한다. 인간들은 이들을 그저 '새'라고 부르며 자신들이 지배하는(한다고 생각하는) 지구의 대수로울 것도 없는 구성원이라고 여긴다. 그러나 이들이야말로 바람은 어디에서 오는지, 태양의 각도에 따라 바닷물의 낯빛이 어떻게 바뀌는지, 검은 하늘의 별자리가 어떻게 길을 일러주는지 누구보다 잘 알고 있다. 자기들만의 왕국에서 온전한 문명을 갖고 있지 않다면 어떻게 이런 지혜를 가질 수 있겠는가. 새를 관찰한다는 것은 이 지혜로운 생명체를 공경하는 일이다.

김재환은 세밀화를 그리던 사람이다. 그를 처음 만난 것은 2007년이었는데, 〈내가 좋아하는 새〉 〈내가 좋아하는 물새〉라는 제목의 어린이 책에 세밀화를 부탁하기 위해서였다. 그때나 지금이나 국내에서 새를 '제대로' 그릴 수 있는 화가는 김재환이 유일하다. 세밀화 도감을 편집하면서 꽤 긴 시간 동안 화가를 찾고 작업을 도모했지만 조류 세밀화를 그릴 화가는 찾지 못하던 터였다. 그는 여러모로 편한(?) 화가였다. 그림은 이미 썩 잘 그렸고 취재에 매우 성실했으며 약속 시간을 잘 지켰다. 편집자로서는 환상적인 파트너인 셈이었다. 보통이라면 편집자가 취재 자료를 제공하거나 취재에 동행을 해야 하는 등 화가를 뒷받침해줄 일이 많다. 그림에 직접 관련된 일이 아니더라도 더러 슬럼프에 빠지거나 신상의 문제로 일이 지체될 때 화가를 다독여 작업을 이어갈 수 있도록 하는 일도 편집자에게 속해 있었다. 함께 술잔을 기울이고 화실에 방문하고 응원 전화도 하며 파트너로서의 관계를 돌보는 것이다. 더구나 화가가 신인이라면 그의 미숙함에서 오는 어려움까지 함께 감당해야 한다. 그런데 김재환과는 두 권의 책을 내는 동안 이야기조차 몇 마디 나누지 않았다. 그는 시종일관 조용했고 과정을 드러내기보다 결과를 내놓기를 좋아했다. 나는 그가 제시한 편집자와 화가 사이의 룰에 약삭빠르게 적응했고, 그에게 '새'를 왜 그리는지에 대해서 묻지도 않은 채 두 권의 책을 마무리했다.

그와 이야기를 나누어야겠다고 생각한 것은 한동안 시간이 지난 뒤였다. 출판 중에 있던 세밀화 도감 시리즈가 거의 완성

단계에 이르렀고 오랜 편집자 생활에 지쳐갈 무렵이었다. 문득 그동안 편집해온 책들을 뒤적거리는데 그의 새들이 나를 붙잡았다. 고개를 갸웃한 채 깃털을 바람에 날리고 있는 저어새와 호기심 어린 눈으로 앞을 주시하며 막 한 걸음을 내디디려는 쇠백로와 금방이라도 꽁지를 까딱이며 움직일 것 같은 노랑할미새가 있었다. 그의 새들은 아무것도 바라지 않는 눈동자로 언제든 날아오를 수 있는 자의 위엄을 지닌 채 신중했다. 김재환이 그리고자 했던 것은 세밀화 도감 너머에 있는 것 같았다.

다시 김재환을 만났을 때 그가 말했다. "날마다 새를 그리고 싶어요." 짐작은 하고 있었지만 그는 책을 마무리한 뒤로도 거의 날마다 새를 쫓아다니고 있었다. 나는 대책도 없이 '그가 만난 새'를 출판하기로 약속해버렸다. 관찰 일기 형식을 취한 것은 새와의 만남을 꾸밈없이 드러낼 수 있기 때문이다. 그는 그동안 세밀화를 그려오면서 관찰 대상을 마음껏 그리지 못하는 것에 대해 답답해하고 있었다.

사실 세상에 '새'라는 존재는 없다. 곤줄박이, 까마귀, 청둥오리들로 이름을 붙여도 마찬가지다. 세밀화 도감과 관찰 일기의 차이가 여기에 있다. 세밀화 도감은 이름을 붙여주는 책이므로 그 종이 지닌 '표준' 형상이 나타나 있어야 한다. 화가가 만난 그날의 곤줄박이가 하필 가슴 깃털의 색이 유난히 흐리다면 곤줄박이를 '대표'할 수 없다. 꽁지깃이 상한 까치도 까치를 대표하지 못한다. 화가는 종을 대표할 만한 일반적인 모델을 찾아야 한다. 또 선택된 모델은 해당 종의 특징을 최대한 드러내는 자세로 앉아 있어야 한다. 대부분의 몸은 좌우 대칭이므로 정측면 모습을 그릴 때가 많다. 사실 이런 모델은 현실에 없다. 그러므로 도감의 세밀화는 화가가 재구성한 개념도의 성격이 크다. 이와 반대로 관찰 일기는 그날 그곳에서 만난 '그'를, '그와의 만남'을 그린다. 김재환은 아무것도 대표할 필요가 없는 '그'를 그리고 싶어했다.

김재환의 새로운 시도가 방향을 잡기 시작할 때쯤 그의 원고를 들고 지금은 폐간이 된 〈자연과 생태〉 사무실로 찾아가 연재를 제안했다. 월간 〈자연과 생태〉는 2006년 4월에 창간하여 2014년 4월까지 간행된 우리나라 유일의 생태 전문지였다. 김재환의 글과 그림은 2012년 4월부터 2013년 12월까지 한 회를 제외하고 모두 20회에 걸쳐 연재되었다. 그리고 두 해 남짓 시간이 지난 2016년 여름, 환경운동연합과 포스코의 생물다양성인식증진 사업의 하나로 선정되었다.

다시 김재환을 만났을 때 비로소 묵은 질문을 던졌다.

"왜 새를 그리나요?"

"아름다워서요."

"형태와 색감에서 새만의 특별함이 있나요?"

"그들의 유니크함보다는 존재 자체가 아름다워요. 필드스코프로 갯벌에 서서 비바람을 맞고 있는 저어새를 보면 아름답다는 표현 말고는 할 말이 없어요. 그렇지만 동물원의 새장 안에 있었다면 형태가 같더라도 아름답다고 느끼지 못했을 거예요."

그는 자기 삶에 새 달력이 있다고 했다. 어떤 새가 언제 어느 곳에 날아올 것을 알기 때문에 마음이 늘 그곳에 가 있다는 거다. 이야기를 나누던 날도 나와의 약속이 아니었다면 시화호에 갔을 것이라고 했다. 그날은 장맛비가 오락가락하며 후텁지근해서 어디를 갈 만한 날씨가 아니었음에도 마치 그곳에 기다리는 이가 있는 것처럼 말했다. 그의 글에도 나타난다.

> 이번 장마에는 유난히 비가 잦다. 하늘이 잔뜩 찌푸리더니 시화호에 들어설 즈음에 가느다란 비를 뿌리기 시작했다.

비포장도로 곳곳의 크고 작은 물웅덩이 때문에 운전하기가 조심스럽다. 잠시라도 한눈을 팔다가는 차 밑바닥을 긁기 일쑤다. 삘기는 이삭에 물기를 흠뻑 머금은 채 기울어져 있고 갈대는 더욱 초록이 짙어지고 있다.

수로 옆 전봇대에는 황조롱이 암컷이 앉아 있다. 올 때마다 항상 그 자리에서 보는 것 같다. 같은 녀석인지는 알 수 없지만 황조롱이가 좋아하는 자리임에는 틀림없다. 지난봄, 새끼를 키우느라 고생했는지 날개와 꽁지깃이 많이 상했다. (2011년 7월 8일)

화가여서 그럴까. 그의 탐조는 카메라 렌즈로 새를 꼭 붙들어 두는(포착捕捉) 행위와 사뭇 달라 보인다. 생동감 있는 사진이나 다큐멘터리에 익숙한 눈으로 보면 자주 허탕을 치는 것 같지만 그는 개의치 않는 듯하다.

이른 아침에 도착한 선두리 갯벌은 짙은 안개에 휩싸여 있다. 만조 때가 아직 한 시간 가까이 남았지만 벌써 바닷물은 해안가 축대에 육중하게 부딪치며 출렁인다. (…)

안개 속 어디에선가 쉬고 있던 도요새 한 무리가 내 주변으로 가까이 날아왔다가 멀어진다. 그림 같은 몽환적인 풍경 속에서 가만히 새소리에 귀를 기울이며 컵라면에 물을 부었다. 탐조는 눈으로만 하는 것이 아니라는 생각이 문득 든다. (2012년 4월 10일)

오히려 좋은 사진을 찍으려고 새들에게 무례를 범할까봐 걱정했다.

"새를 단지 피사체로만 생각하고 사진에 집착하다보면 놓치는 것이 많아요. 지나고 나면 또렷한 사진 몇 장보다 새와 내가 있던 그 자리가 더 기억에 남거든요. 새들이 평화롭게 노니는 모습이 더 좋다는 걸 알게 되면 둥지 사진을 찍겠다고 나뭇가지를 쳐내거나 플래시를 터뜨리는 일은 상상할 수 없어요."

그는 새들도 자신처럼 방해받고 싶어하지 않을 거라고 여기는 듯했다. 또 함부로 범해서는 안 될 지혜로운 생명체라고 확신하는 듯했다.

> 텐트 속은 오롯이 나만의 세상이다. 카메라나 망원경을 얹어둘 삼각대를 세워놓고 조그마한 낚시 의자에 쪼그려 앉으면 꽉 차버리는 좁은 공간이지만 마음은 편안해진다. 텐트의 앞쪽 지퍼만 살짝 내리고 밖을 바라보고 있으면 갯벌과 새, 그리고 나만 존재하는 느낌이랄까. 눈은 바깥에 둔 채로 머릿속은 상상과 현실을 넘나들며 자유로워진다. 어떤 재료로 눈앞의 풍경을 그리면 좋을지, 도요새가 되어 군무 비행을 한다면 어떨까 하는 생각들. (2012년 4월 20일)

> 도요새 무리가 쉬는 모습은 언제나 평화롭게 느껴진다. 다양한 크기와 각각의 무늬, 독특한 부리 모양을 갖추었지만 서로 경계하는 일 없이 사이좋게 어울린다. 어쩌다 먹이를 두고 다투기는 해도 삶의 터전을 공유하는 방법을 알고 있는 것 같다. (2011년 3월 18일)

책을 편집하는 동안 내내 마음이 가라앉는 느낌이 들었다. 책 속에서 김재환은 아무 말 없이 비가 오는 새벽녘의 호숫가로, 흰 눈에 덮인 동해안 바닷가의 모래톱으로, 노을이 붉게 물든 시화호로 나를 데리고 갔다. 그리고 그의 새들을 만났다. 새들은 내게 말하는 것 같았다.

"우리는 다만 살아갈 뿐이에요. 누구의 삶을 동경하지도 침범하지도 않아요. 하늘은 가없이 높고 따뜻한 햇살과 흐르는 바람은 언제나 넉넉하니까요. 지구의 온갖 생명이 나누어 쓸 만큼 늘 충분하죠. 당신은 이 아름다운 별에서 태어났으니 이 자연을 누릴 권리가 있어요. 우리가 가진 권리의 크기와 똑같아요. 당신은 이곳에서 당신의 평화를 지으세요."

이 책은 환경운동연합과 포스코가 아니었다면 출판되기 어려웠을 것이다. 편집자의 부족함이 좋은 뜻에 누가 되지 않았기를 바랄 뿐이다. 아울러 출판을 허락해주신 문학동네 염현숙 대표께 감사드린다.

2017년 8월 광화문 사무실에서

심조원

찾아보기

작가 김재환

서울에서 나고 자란 서울 토박이다. 스스로 차표를 살 수 있게 된 어린 시절부터 여행을 좋아했다. 주로 산과 들, 바다를 찾아가 자연과의 만남을 즐긴다. 최근 십여 년 간 야생 조류의 아름다움에 매료되어 무던히도 새를 만나러 다녔다. 새를 보기 위해서라면 몇 시간 동안 텐트 속에 숨어 있거나, 독사가 출몰하는 계곡길도 마다하지 않는다. 만났던 새들을 기록하고 자연의 아름다움을 그림으로 옮겨 세상과 소통하는 것이 제일 큰 즐거움이다.
홍익대 회화과를 졸업하고 〈우리 숲의 딱따구리〉, 〈여름이의 개울 관찰 일기〉, 〈내가 좋아하는 새〉, 〈내가 좋아하는 물새〉에 그림을 그렸다.
〈내가 좋아하는 새〉로 제29회 한국어린이도서상을 받았고, 올빼미 세밀화로 제9회 자생 동식물 세밀화 공모전에서 대상을 받았다.
지금은 북한산 자락의 우이동 작업실에서 그림을 그리고 있다.

새를 기다리는 사람

초판 인쇄 2017년 9월 28일
초판 발행 2017년 10월 20일

글 · 그림 김재환
펴낸이 염현숙

기획 환경운동연합 심조원 | 책임편집 안선영 | 편집 이경록
디자인 오진경 김민지 | 마케팅 이연실 김도윤
홍보 김희숙 김상만 이천희
제작 강신은 김동욱 임현식 | 제작처 영신사

펴낸곳 (주)문학동네
출판등록 1993년 10월 22일 제406-2003-000045호
주소 10881 경기도 파주시 회동길 210
전자우편 editor@munhak.com | 대표전화 031)955-8888 | 팩스 031)955-8855

문의전화 031)955-1933(마케팅) 031)955-3572(편집)
문학동네카페 http://cafe.naver.com/mhdn | 트위터 @munhakdongne

ISBN 978-89-546-4862-2 03490

* 이 책은 포스코의 생물다양성 인식 증진 사업의 지원을 받았습니다.

* 이 도서의 국립중앙도서관 출판예정도서목록 CIP은 서지정보유통지원시스템 홈페이지(http://seoji.nr.go.kr)와 국가자료공동목록 시스템(http://www.nl.go.kr/kolisnet)에서 이용하실 수 있습니다. (CIP제어번호: CIP2017024798)

www.munhak.com